U0267014

《生物数学丛书》编委会

生物数学丛书　10

时滞微分方程

——泛函微分方程引论

〔日〕内藤敏机　原惟行　日野义之　宫崎伦子　著

马万彪　陆征一　译

科学出版社

北京

图字：01-2013-4359 号

内 容 简 介

本书是一本介绍时滞微分方程稳定性理论的入门书，由 6 章和附录组成. 第 1 章是绪论，以简单的一维 Logistic 方程为出发点，结合丰富的计算机数值模拟，简要直观地概括了时滞对方程动力学性质的影响. 第 2 章简要介绍传统的特征值方法在一些特殊的一维和二维线性自治方程零解稳定和振动性研究中的应用. 第 3 章以简单独特的方式介绍 Liapunov-Razumikhin 方法的基本思想和在一些具体方程中的应用. 第 4 章和第 5 章主要介绍时滞微分方程解的基础理论，主要包括解的存在唯一性，解的延拓和解对初始值的连续依赖性以及线性自治方程生成的解半群的分解等. 第 6 章详细介绍基于 Liapunov 泛函方法与 Liapunov-Razumikhin 方法建立的稳定性定理以及 LaSalle 不变性原理. 为方便读者，本书在附录一和附录二中还介绍一些超越方程零点分布问题以及 Dini 导数的概念与性质.

本书适合高等学校从事时滞微分方程稳定性理论及其应用研究的高等院校高年级大学生、研究生和青年教师阅读参考.

Differential Equations with Time Lag—Introduction to Functional Differential Equations by Toshiki Naito, Tadayuki Hara, Yoshiyuki Hino, and Rinko Miyazaki

Original Japanese edition published by Makino Shoten

图书在版编目(CIP)数据

时滞微分方程：泛函微分方程引论/(日)内藤敏机等著；马万彪，陆征一译. —北京：科学出版社，2013
(生物数学丛书；10)
ISBN 978-7-03-038120-0

Ⅰ. ①时… Ⅱ. ①内… ②马… ③陆… Ⅲ. ①时滞系统-微分方程②泛函方程-微分方程 Ⅳ. ① O175

中国版本图书馆 CIP 数据核字(2013) 第 149995 号

责任编辑：陈玉琢 / 责任校对：邹慧卿
责任印制：赵 博 / 封面设计：陈 敬

科学出版社出版
北京东黄城根北街 16 号
邮政编码：100717
http://www.sciencep.com
北京中石油彩色印刷有限责任公司印刷
科学出版社发行 各地新华书店经销
*
2013 年 7 月第 一 版 开本：B5 (720 × 1000)
2022 年 3 月第二十六次印刷 印张：10 1/2
字数：190 000

定价：72.00 元
(如有印装质量问题，我社负责调换)

著者简历(以日语发音为序)

内藤敏机　(Toshiki Naito)
1969年　东京大学大学院理学研究科数学专攻硕士课程毕业
现　在　电器通讯大学电器通讯学部教授(理学博士)

原惟行　(Tadayuki Hara)
1973年　大阪大学大学院基础工学研究科数理专攻博士课程中退
现　在　大阪府立大学大学院名誉教授(工学博士)

日野义之　(Yoshiyuki Hino)
1968年　东北大学大学院理学研究科数学专攻博士课程毕业
现　在　千叶大学理学部教授(理学博士)

宫崎伦子　(Rinko Miyazaki)
1992年　大阪府立大学大学院工学研究科数理工学专攻博士课程中退
现　在　静冈大学工学部副教授(理学博士)

译者简历

马万彪　(Ma Wanbiao)
1997年　静冈大学大学院应用数学讲座博士课程毕业
现　在　北京科技大学数理学院教授(工学博士)

陆征一　(Lu Zhengyi)
1993年　静冈大学大学院应用数学讲座博士课程毕业
现　在　四川师范大学数学与计算机学院教授(工学博士,博士后)

本书由日本牧野书店(东京)授权出版
原著出版时间：2002年11月10日(第一版)

《生物数学丛书》序

传统的概念：数学、物理、化学、生物学, 人们都认定是独立的学科, 然而在 20 世纪后半叶开始, 这些学科间的相互渗透、许多边缘性学科的产生, 各学科之间的分界已渐渐变得模糊了, 学科的交叉更有利于各学科的发展, 正是在这个时候数学与计算机科学逐渐地形成生物现象建模, 模式识别, 特别是在分析人类基因组项目等这类拥有大量数据的研究中, 数学与计算机科学成为必不可少的工具. 到今天, 生命科学领域中的每一项重要进展, 几乎都离不开严密的数学方法和计算机的利用, 数学对生命科学的渗透使生物系统的刻画越来越精细, 生物系统的数学建模正在演变成生物实验中必不可少的组成部分.

生物数学是生命科学与数学之间的边缘学科, 早在 1974 年就被联合国科教文组织的学科分类目录中作为与 “生物化学”、“生物物理” 等并列的一级学科.“生物数学” 是应用数学理论与计算机技术研究生命科学中数量性质、空间结构形式, 分析复杂的生物系统的内在特性, 揭示在大量生物实验数据中所隐含的生物信息. 在众多的生命科学领域, 从 “系统生态学”、“种群生物学”、“分子生物学” 到 “人类基因组与蛋白质组即系统生物学” 的研究中, 生物数学正在发挥巨大的作用, 2004 年*Science*杂志在线出了一期特辑, 刊登了题为 “科学下一个浪潮 —— 生物数学” 的特辑, 其中英国皇家学会院士 Lan Stewart 教授预测, 21 世纪最令人兴奋、最有进展的科学领域之一必将是 “生物数学”.

回顾 “生物数学” 我们知道已有近百年的历史: 从 1798 年 Malthus 人口增长模型, 1908 年遗传学的 Hardy-Weinberg“平衡原理”; 1925 年 Voltera 捕食模型, 1927 年 Kermack-Mckendrick 传染病模型到今天令人注目的 “生物信息论”, “生物数学” 经历了百年迅速地发展, 特别是 20 世纪后半叶, 从那时期连续出版的杂志和书籍就足以反映出这个兴旺景象; 1973 年左右, 国际上许多著名的生物数学杂志相继创刊, 其中包括 Math Biosci, J. Math Biol 和 Bull Math Biol; 1974 年左右, 由 Springer-Verlag 出版社开始出版两套生物数学丛书: *Lecture Notes in Biomathermatics* (二十多年共出书 100 册) 和*Biomathematics* (共出书 20 册); 新加坡世界科学出版社正在出版*Book Series in Mathematical Biology and Medicine*丛书.

“丛书” 的出版, 既反映了当时 “生物数学” 发展的兴旺, 又促进了 “生物数学” 的发展, 加强了同行间的交流, 加强了数学家与生物学家的交流, 加强了生物数学学科内部不同分支间的交流, 方便了对年轻工作者的培养.

从 20 世纪 80 年代初开始, 国内对 “生物数学” 发生兴趣的人越来越多, 他 (她)

们有来自数学、生物学、医学、农学等多方面的科研工作者和高校教师, 并且从这时开始, 关于“生物数学”的硕士生、博士生不断培养出来, 从事这方面研究、学习的人数之多已居世界之首. 为了加强交流, 为了提高我国生物数学的研究水平, 我们十分需要有计划、有目的地出版一套“生物数学丛书”, 其内容应该包括专著、教材、科普以及译丛, 例如: ① 生物数学、生物统计教材; ② 数学在生物学中的应用方法; ③ 生物建模; ④ 生物数学的研究生教材; ⑤ 生态学中数学模型的研究与使用等.

中国数学会生物数学学会与科学出版社经过很长时间的商讨, 促成了“生物数学丛书”的问世, 同时也希望得到各界的支持, 出好这套丛书, 为发展“生物数学”研究, 为培养人才作出贡献.

陈兰荪

2008 年 2 月

著 者 的 话

作者们非常荣幸我们共同的朋友马万彪教授和陆征一教授将《时滞微分方程 —— 泛函微分方程引论》一书译为中文在中国出版. 译者之一马万彪教授于1998—2000 年与在大阪府立大学工学部数理工学科同著者之一, 即我本人原惟行, 在同一个研究室从事时滞微分方程的共同研究. 在此期间, 马万彪教授对《时滞微分方程 —— 泛函微分方程引论》一书的初稿提出了有益的建议.

时滞微分方程中即便是线性方程的情形, 由于解空间为无限维空间, 较传统的常微分方程理解起来要困难得多. 同时, 目前为止出版的有关时滞微分方程方面的书对于初学者来说难以理解的居多数.

本书的写作过程中, 为了使初学者对时滞微分方程理论的理解更加容易, 我们力求在前半部分内容的叙述上简洁、具体. 同时, 插入了大量的方程轨线的数值模拟图. 这些图全部是利用 Runge-Kutta 法编译而成. 本书的后半部分内容稍微比较抽象些, 我们相信通过本书的学习, 可为读者进一步学习泛函微分方程理论的有关专著奠定基础. 本书中文版的出版若能够对中国学者们有所帮助, 这将是我们最大的欣慰.

最后, 作为本书著者的代表, 对《时滞微分方程 —— 泛函微分方程引论》一书中文版的出版表示衷心的祝贺.

原惟行

大阪府立大学大学院名誉教授

2012 年 8 月 20 日

译者的话

时滞微分方程在工程技术、生命科学等诸多应用科学领域实际问题的理论研究中发挥着重要作用. 早在 1963 年, 科学出版社就出版了秦元勋、刘永清、王联研究员的专著《带有时滞的动力系统的运动稳定性》, 并于 1983 年, 原著者与安徽大学郑祖庥教授又重新修订出版. 之后, 我国学者陆续出版了多本泛函微分方程经典专著, 内容几乎包含所有的研究分支.

日本学者内藤敏机 (Toshiki Naito)、原 惟行 (Tadayuki Hara)、日野义之 (Yoshiyuki Hino) 和宫崎伦子 (Rinko Miyazaki) 共著的《时滞微分方程 —— 泛函微分方程引论》是一本学习泛函微分方程理论很好的入门教材, 本书虽然覆盖的内容非常有限, 但具有独特的写作风格和特点.

首先, 以简单低维时滞微分方程为出发点, 充分结合计算机数值模拟等手段, 非常直观地展示时滞的大小对微分方程解的渐近性态的影响. 其次, 通过对一些具体的时滞微分方程稳定性的理论分析, 凝炼出一般时滞微分方程 Liapunov 函数或泛函的构造技巧以及特征方程根的分布理论分析的基本方法. 这对于初学者特别是高等院校高年级大学生理解和掌握时滞微分方程稳定性理论研究的基本方法非常有帮助. 对时滞微分方程解的存在唯一性、解的延拓、解对初始值的连续依赖性以及自治线性微分方程解的谱分解等的论述, 完全采用与常微分方程一致的手法, 如 Picard 逐次逼近法、Cauchy 折线法等. 只要读者具有常微分方程基本理论知识, 便可以顺利地阅读这部分内容. 最后, 为了初学者阅读方便起见, 附录一和附录二主要介绍一些超越方程零点分布判定方法以及 Dini 导数的概念与性质. 此外, 参考文献中给出与时滞微分方程理论及其应用研究相关的一些重要英日文参考文献.

译者非常感谢本书著者, 特别是原惟行教授和宫崎伦子副教授以及青山学院大学竹内康博教授与大阪府立大学松永秀章副教授在编译、版权转让等方面所提供的许多帮助. 非常感谢中国科学院陈兰荪研究员推荐将本书列入《生物数学丛书》出版. 本书初稿的主要内容曾经在北京科技大学数学专业研究生课程中讲授过, 译者非常感谢译者所属单位相关领导, 以及崔景安教授、王稳地教授、刘贤宁教授、廖福成教授、郑连存教授、胡志兴教授和相处的每一位同事给予的鼓励与支持. 还要感谢黄刚和吕贵成两位博士以及研究生李丹、赖秀兰、董岳平、江志超等对译稿给予精心的阅读与指正. 最后, 对科学出版社陈玉琢编辑在整个出版过程中给予的大力支持以及国家自然科学基金 (No.10671011, No.11071013)、北京科技大学冶金工程研究院基础研究基金、教育部博士点基金和四川师范大学创新研究基金给予的资助表示衷心的感谢.

马万彪　陆征一

2012 年 7 月 1 日

前　言

近年来, 依赖于过去时间状态的常微分方程 (泛函微分方程) 的重要性得到了广泛重视, 如理学、工学等研究领域, 越来越多的研究者认识到, 时滞微分方程相对于不含有时滞的传统的常微分方程能够更为准确地描述客观事物的变化规律. 数理生态学等研究领域, 也出现越来越多的含有时滞的微分系统. 然而, 与传统的常微分方程不同, 含有时滞的常微分方程, 即便是线性的情形, 对应的特征方程已经成为超越方程, 其特征根无法直接求出, 这也是一般理工科大学为二、三年级学生所开设常微分方程课程中无法讲授含有时滞的微分方程内容的一个重要原因.

目前用日语写的有关这一领域的入门书几乎没有, 而所能参阅的英文专著又比较难理解. 因此, 对含有时滞的微分方程的重要性以及这一领域的了解还很不够.

本书作为时滞微分方程理论的入门书, 作者在写作过程中力求简明扼要, 并插入了许多几何图形, 以方便读者的理解.

从事数理生态学的读者, 只要阅读本书的第 1 章、第 2 章、第 3 章以及第 6 章的一部分即可对时滞微分方程理论有初步的理解. 第 1 章是刊登在日本数理生态学会*News Letters* (No.24, 1997 年 12 月) 上综述性论文的基础上修改而成的.

工学研究领域的读者在阅读本书的第 1 章、第 2 章、第 3 章以及第 6 章后, 可以对 Liapunov 函数法在时滞微分方程稳定性理论中的应用有基本的理解.

本书的第 4 章、第 5 章、第 6 章以及附录一是以大学院数学专业硕士学位以上读者为对象, 要求读者具备较广泛的数学基础知识.

本书的第 1 章、第 2 章由原惟行教授 (Tadayuki Hara, 大阪府立大学) 执笔; 第 3 章由原惟行教授和宫崎伦子教授 (Rinko Miyazaki, 静冈大学) 共同执笔; 第 4 章由日野义之教授 (Yoshiyuki Hino, 千叶大学) 执笔; 第 5 章由内藤敏机教授 (Toshiki Naito, 电器通讯大学) 执笔; 第 6 章、附录一和附录二由宫崎伦子教授执笔; 全书内容的统一协调及数值模拟图由原惟行教授完成.

最后, 对本书原稿中的作图以及 Latex 文件的整理提供巨大帮助的同事冈浩司和大阪府立大学松永秀章博士表示衷心的感谢.

著　者

2002 年 6 月

目　　录

第1章　绪　　论

近年来, 生态系统研究中, 采用具有时间滞后的微分方程来建立数学模型变得越来越普遍. 然而, 对于一般的大学二年级学生, 只学习一些常微分方程的基础理论知识和简单的求解方法, 而有关具有时间滞后的微分方程的理论知识, 则在大学期间学得较少. 在本章中将对具有时间滞后的微分方程作简单的介绍.

1.1　Logistic 方程

首先看一个实例. 图 1.1 给出了数理生态学中熟知的羊的数量变化.

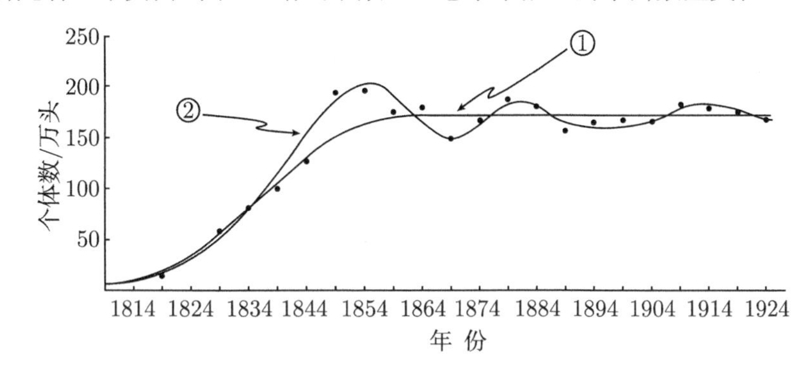

图 1.1　Tasumania 关于羊的数量的变化

注: 黑点表示 5 年平均头数的变化 (Davidson J, 1938)

图 1.1 中, 黑点是依据具体的统计数据描述了羊的头数. 将这些黑点简单地用曲线来近似, 就可以得到曲线①. 曲线① 的变化可以用如下的**Logistic 方程** 来表示:

$$x'(t) = ax(t)\left\{1 - \frac{x(t)}{K}\right\}, \qquad (' = \mathrm{d}/\mathrm{d}t), \tag{1.1}$$

这里 a, K 是正常数. 将 10 年视为 1 个周期, 依据图 1.1 中曲线①的变化, 确定出常数 a, K 分别为 $a = 1$, $K = 180$. 于是, 得到初值问题:

$$\begin{cases} x'(t) = x(t)\left\{1 - \dfrac{x(t)}{180}\right\}, \quad t \geqslant 0, \\ x(0) = 10. \end{cases}$$

利用计算机数值模拟可以发现上述初值问题的解曲线 (图 1.2) 与图 1.1 中的曲线①几乎一致.

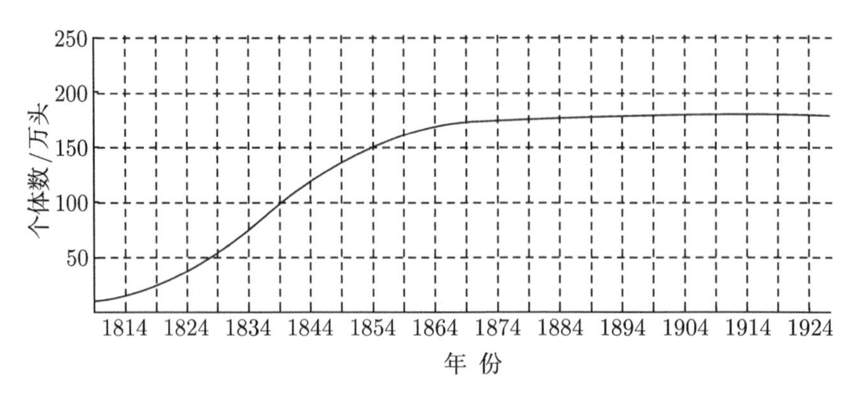

图 1.2　Logistic 方程 (1.1) 的解曲线

但是, 依据图 1.1 中所给的统计数据, 不难发现羊的头数以增加或减少振动的方式趋近于 180 万头. 因此, 方程 (1.1) 并未能较准确地描述羊的数量变化. 然而, 依据图 1.1 中的统计数据, 并注意到增减性的变化, 得到的近似曲线为②. 为了再现曲线②, 我们来考虑如何对方程 (1.1) 进行适当的改进?

为此, 考虑如下**具有时滞的 Logistic 方程**

$$x'(t) = ax(t)\left\{1 - \frac{x(t-r)}{K}\right\}, \tag{1.2}$$

其中 $r > 0$ 是时滞. 方程 (1.2) 表明时刻 t 单位种群的增加依赖于 $t - r$ 时刻的种群数量.

现在, 仍将 10 年视为 1 个周期, 选取方程 (1.2) 中的常数 a, K, r 分别为 $a = 1, K = 180, r = 1$, 利用计算机数值模拟可以发现初值问题:

$$\begin{cases} x'(t) = x(t)\left\{1 - \dfrac{x(t-1)}{180}\right\}, & t \geqslant 0, \\ x(t) = 10, & -1 \leqslant t \leqslant 0 \end{cases}$$

的解曲线为图 1.3 中的粗黑曲线.

显然, 上述解曲线图 1.3 与图 1.1 中的曲线②并非完全一致. 然而, 它却清楚地表明了羊的总头数以振动的方式趋近于 180 万头. 因此, 利用具有时滞的微分方程来描述种群数量或密度的变化显得更为有效.

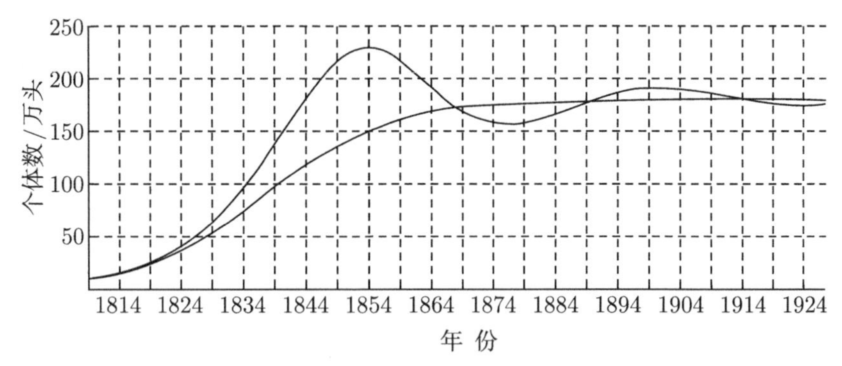

图 1.3 具有时滞的 Logistic 方程 (1.2) 的解曲线

作为时滞微分方程简单的例子, 1.2 节将要考虑一阶线性常系数微分差分方程.

1.2 一阶线性微分差分方程

首先, 对于如下的一阶线性常微分方程的初值问题:

$$x' = -ax \quad (' = \mathrm{d}/\mathrm{d}t), \tag{1.3}$$

$$x(0) = 1 \quad (\text{初始条件}). \tag{1.4}$$

大学二年级的学生也可以知道其精确解为 $x(t) = \mathrm{e}^{-at}$, 且对应的解曲线如图 1.4 所示.

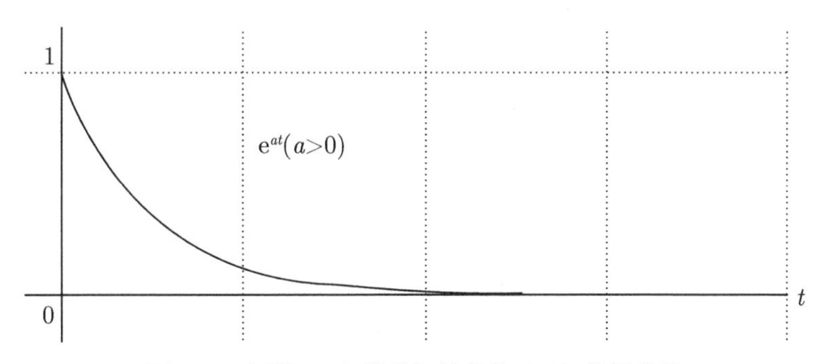

图 1.4 方程 (1.3) 满足初始条件 (1.4) 的解曲线

方程 (1.3) 可以写为如下形式:

$$x'(t) = -ax(t-0).$$

此方程可以看成不含有时滞的常微分方程.

与方程 (1.3) 相比较, 考虑如下具有时滞的线性微分方程:

$$x'(t) = -ax(t-r). \tag{1.5}$$

这里 $a \in \mathbf{R}$, $r > 0$. 方程 (1.5) 这种含有时滞的微分方程又称为**微分差分方程**. 下面主要考虑如下的问题:

与方程 (1.3) 相比较, 时滞 r 对方程 (1.5) 的解 $x(t)$ 产生什么样的影响? 方便起见, 取初始时刻为 $t_0 = 0$.

不含有时滞的方程 (1.3) 的初值问题中, 其初始条件为 (1.4). 然而, 对于含有时滞的方程 (1.5), 其初值问题中, 初始区间 $-r \leqslant t \leqslant 0$ 上需要给出**初始函数**.

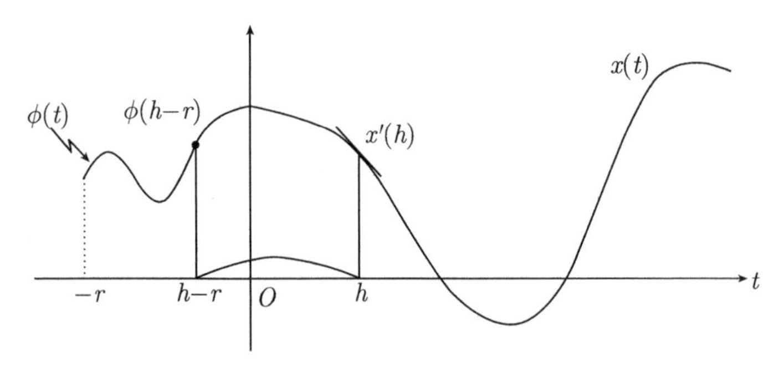

图 1.5 方程 (1.5) 的初始函数与解曲线

需要给定初始函数的理由为：若在方程 (1.5) 中令 $t = h(0 \leqslant h \leqslant r)$, 则方程 (1.5) 的左端的导数值 $x'(h)$ 将由右端的函数值 $-ax(h-r) \equiv -a\phi(h-r)$ 来确定. 因此, 方程 (1.5) 的初值问题中, 在初始区间 $-r \leqslant t \leqslant 0$ 上需要事先给出初始函数 ϕ.

现在, 考察满足方程 (1.3) 满足初始条件 (1.4) 的解 $x(t) = \mathrm{e}^{-at}$ 的求解方法. 设方程 (1.3) 具有形如 $x(t) = c\mathrm{e}^{\lambda t}(c \neq 0)$ 的解, 并代入方程 (1.3) 得

$$c\lambda \mathrm{e}^{\lambda t} = -ac\mathrm{e}^{\lambda t}.$$

两端除以 $c\mathrm{e}^{\lambda t}$, 便得

$$\lambda = -a.$$

因此, 方程 (1.3) 的通解为 $x(t) = c\mathrm{e}^{-at}$. 利用初始条件 (1.4), 有 $c = 1$, 所以, 得到特解 $x(t) = \mathrm{e}^{-at}$.

将同样的方法用于方程 (1.5), 即设方程 (1.5) 亦具有形如 $x(t) = c\mathrm{e}^{\lambda t}(c \neq 0)$ 的解, 并代入到方程 (1.5) 得

$$c\lambda \mathrm{e}^{\lambda t} = -ac\mathrm{e}^{\lambda(t-r)} = -ac\mathrm{e}^{\lambda t}\mathrm{e}^{-\lambda r}.$$

两端除以 $c\mathrm{e}^{\lambda t}$, 便得

$$\lambda = -a\mathrm{e}^{-\lambda r}. \tag{1.6}$$

方程 (1.6) 称为是方程 (1.5) 的**特征方程**.

对于不含有时滞的情形, 即 $r=0$ 时, 由方程 (1.6) 可知

$$\lambda = -a.$$

若 $r>0$, 方程 (1.6) 已不是代数方程, 而是超越方程. 关于 λ 的解显然是不能够精确地解出 (复数范围内, 方程 (1.6) 关于 λ 的根一般具有无穷多个). 因此, 方程 (1.5) 的精确解一般求不出来.

事实上, 上述情况的出现并非是将形如 $x(t)=c\mathrm{e}^{\lambda t}$ 的解代入到方程 (1.5) 所引起的. 例如, 利用 Laplace 变换法, 令 $X(s)\equiv\mathcal{L}[x(t)]$. 由于

$$\mathcal{L}[x(t-r)] = \mathrm{e}^{-sr}X(s),$$

方程 (1.5) 的两边实施 Laplace 变换时, 得到

$$sX(s)-x(0) = -a\mathrm{e}^{-sr}X(s).$$

因此,

$$(s+a\mathrm{e}^{-sr})X(s) = x(0).$$

为了得到 Laplace 逆变换, 同样需要求解超越方程

$$s+a\mathrm{e}^{-sr}=0.$$

对于如此简单的时滞微分差分方程 (1.5), 其精确解无法找到. 这也说明时滞微分方程研究的复杂性, 也是大学二年级阶段, 作为基础课难以开设时滞微分方程课程的原因之一.

通常为了避开求解方程 (1.5) 的精确解这一困难, 而采用其他方法研究时滞微分方程解的定性性质.

如上所述, 对于不含有时滞的常微分方程 (1.3) 与方程 (1.4), 有精确解 $x(t)=\mathrm{e}^{-at}$, 且 $x(t)\to 0(t\to+\infty)$ 的充分必要条件为 $a>0$. 然而, 对于时滞微分差分方程 (1.5), 如果 $a>0$, 是否同样有

$$x(t)\to 0 \quad (t\to+\infty)?$$

1.3 节将通过计算机数值模拟考虑这一问题.

1.3　计算机数值模拟

为了比较不含有时滞的常微分方程 (1.3) 与时滞微分方程 (1.5) 解的渐近性质, 作如下的数值模拟.

首先, 对于一阶线性微分差分方程

$$x'(t) = -ax(t-r), \tag{1.5}$$

如果选取 $a=2$, 时滞 r 的值分别为

$$r=0,\ \ 0.01,\ \ 0.1,\ \ 0.2,\ \ \cdots,\ \ 0.8,\ \ 0.9,\ \ 1,$$

利用计算机数值模拟可以画出对应的解曲线. 为了方便起见, 选取初始时刻为 $t_0 = 0$, 初始函数为 $\phi(t) \equiv 1$.

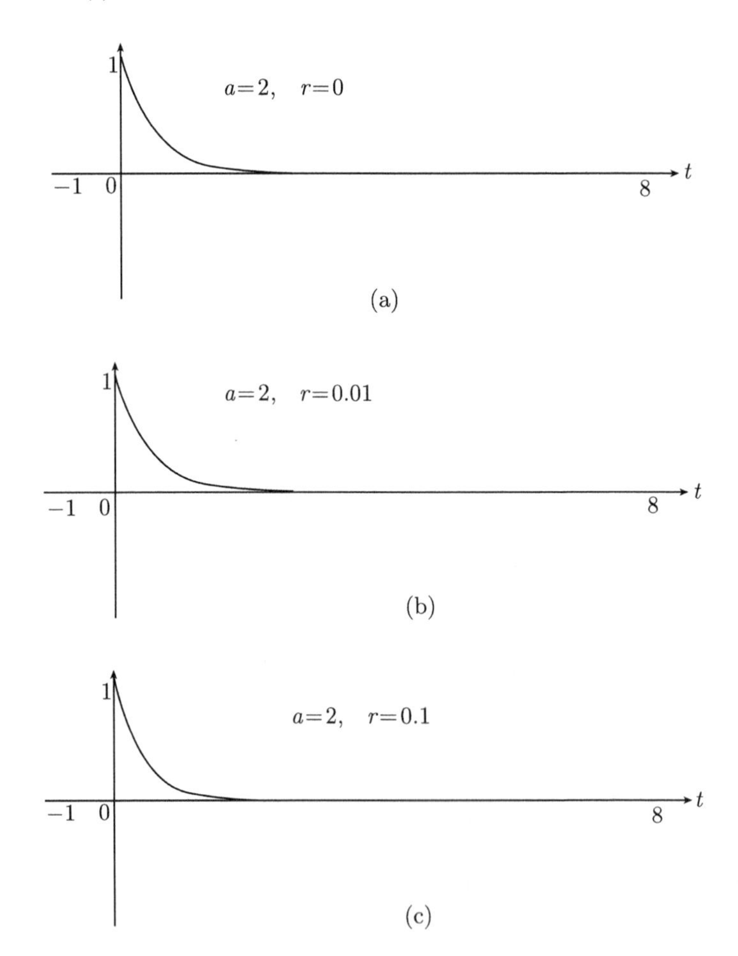

(a)

(b)

(c)

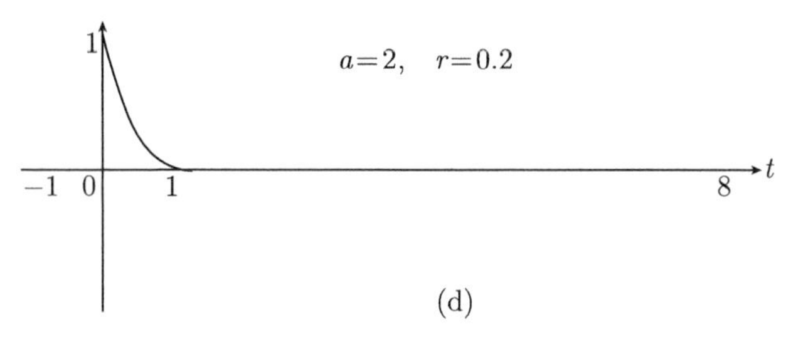

(d)

图 1.6 (a)–(d)

当 $r=0.2$ 时, 在 t 轴邻域纵向扩大 100 倍, 横向扩大 10 倍. 由图 1.6(e) 可知解在 $t=1.3$ 附近横截穿过 t 轴.

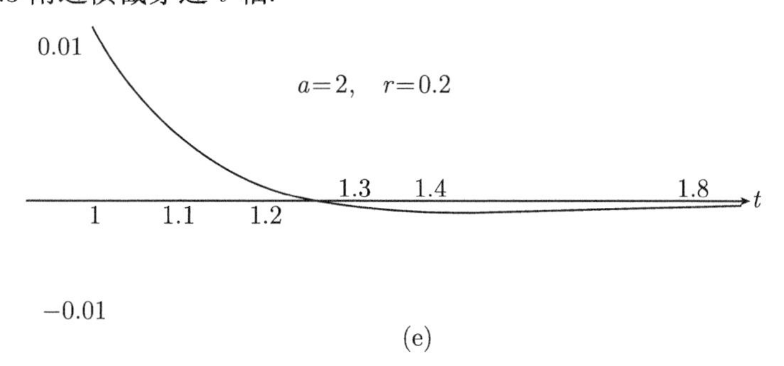

(e)

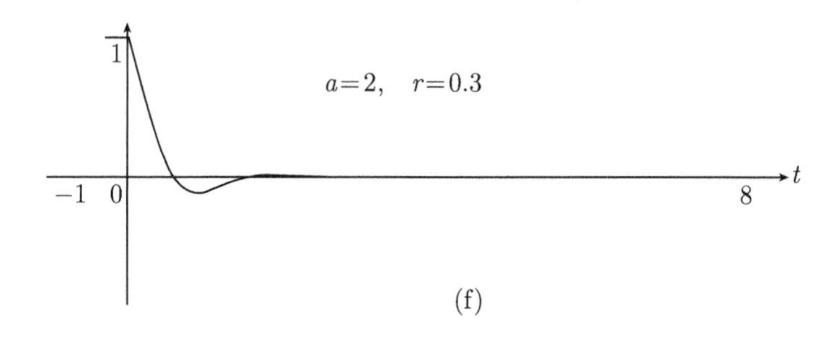

(f)

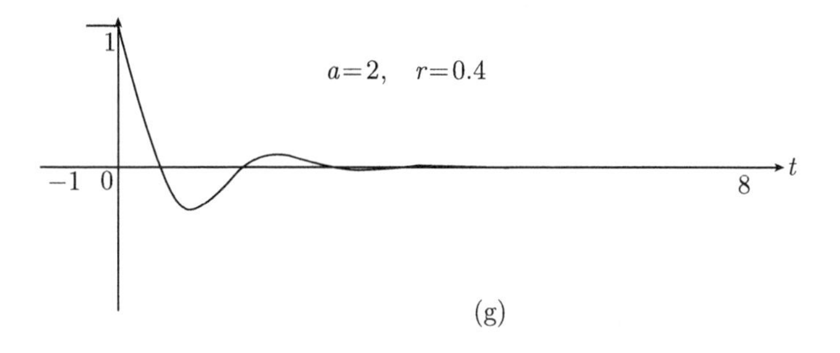

(g)

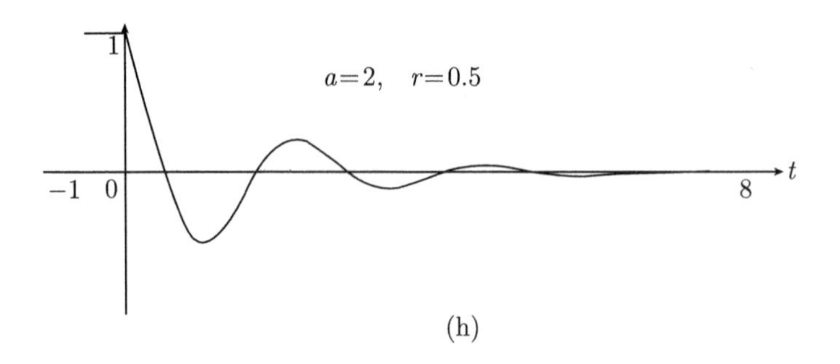

(h)

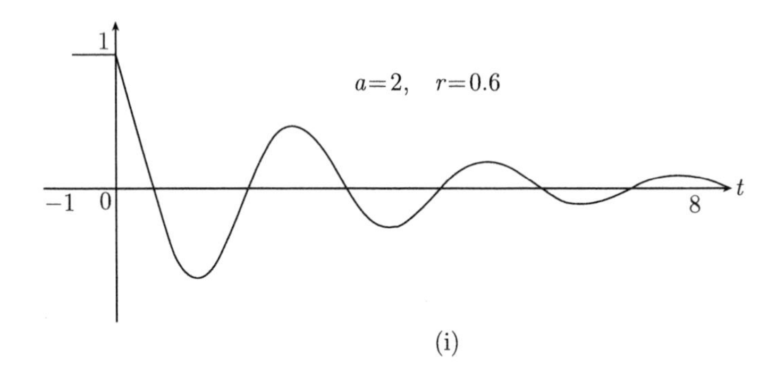

(i)

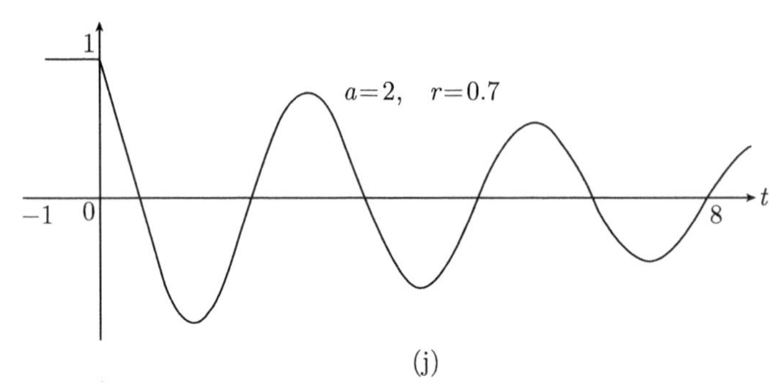

(j)

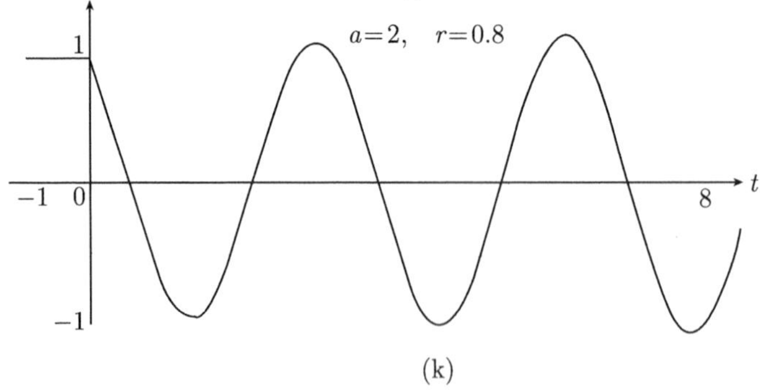

(k)

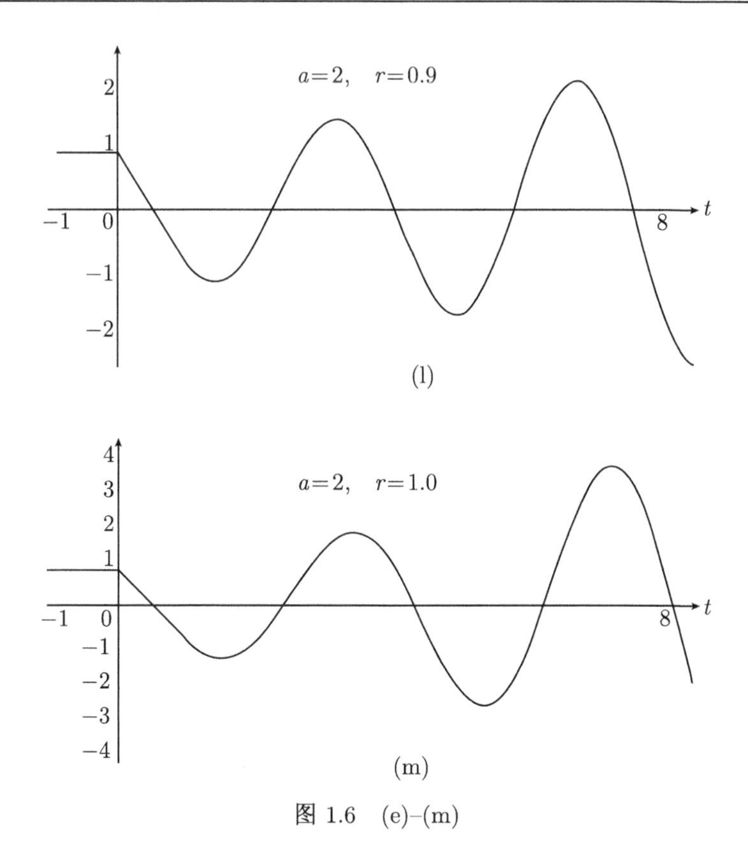

(l)

(m)

图 1.6 (e)–(m)

此外, 由图 1.6(f)–(m) 可看出以下一些特性:

当 $r = 0.3$ 时, 仍然可以观察到其解横截穿过 t 轴;

当 r 的值增大时, 可以观察到解开始振动且振幅逐渐增大;

当 $r = 0.6, 0.7$ 时, 解呈衰减. 而在 $r = 0.8$ 的附近, 解以一定的振幅振动;

当 $r = 0.9, 1$ 时, 解振动地趋向发散.

上面的解曲线图表明如果选定 $a = 2$, 当 r 的值不超过 0.2 时, 方程 (1.5) 的解单调地趋近于 0; 当 r 的值约在 0.2 到 0.8 之间时, 解振动地趋近于 0; 而当 r 的值略大过 0.8 时, 解振动地趋向于发散. 特别地, 当 $r = 0.8$ 时, 解 $x(t)$ 的曲线类似于余弦曲线.

考虑如下的方程

$$x'(t) = -ax(t - r), \tag{1.5}$$

其中选取 $r = 1$, 系数 a 的值分别取为

$$a = 0.2,\ 0.4,\ 0.5, \cdots,\ 1.7.$$

利用计算机数值模拟可以画出对应的解曲线. 为了方便起见, 选取初始时刻为 $t_0=0$, 初始函数为 $\phi(t)\equiv 1$.

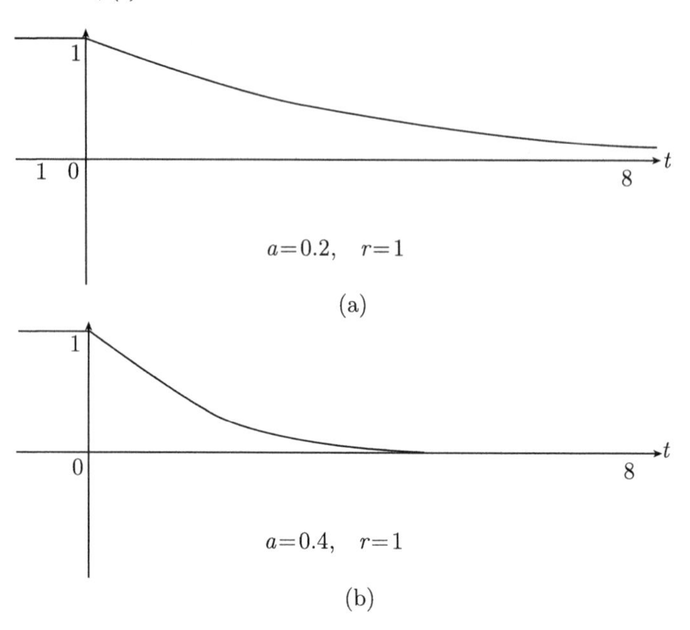

(a)

(b)

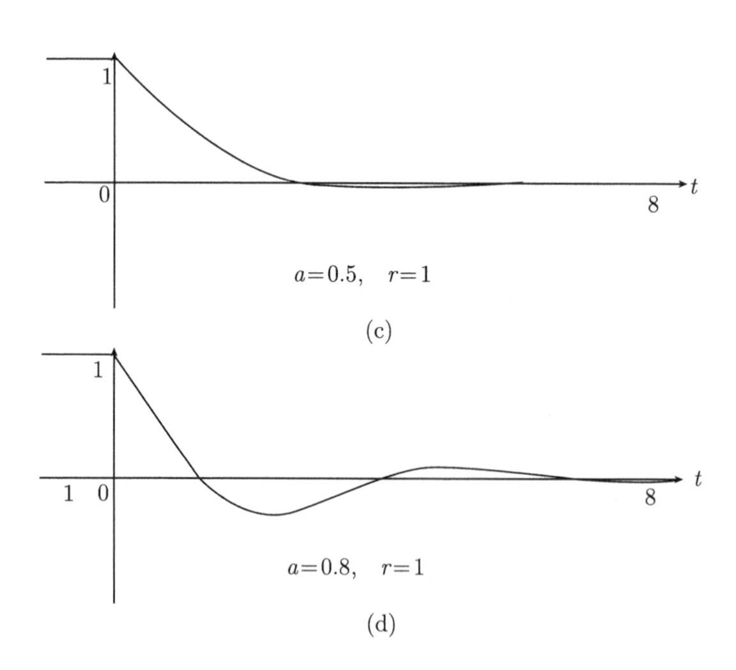

(c)

(d)

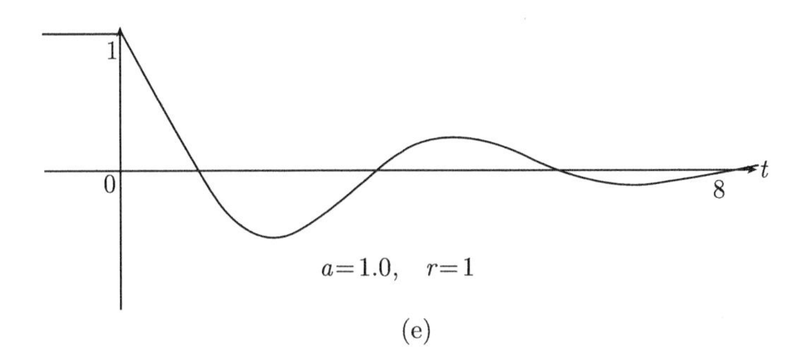
1
0
t
8
$a=1.0,\quad r=1$

(e)

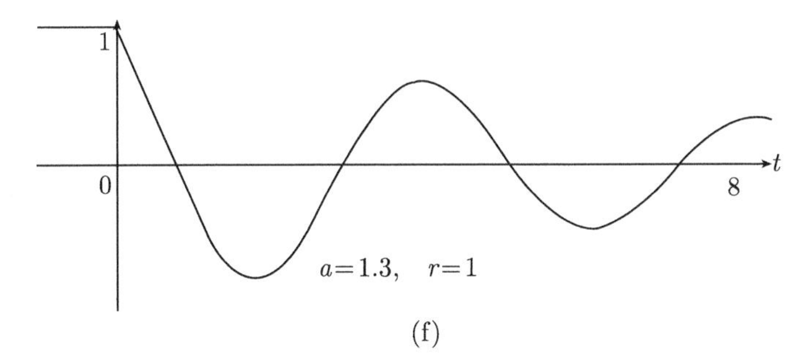
1
0
t
8
$a=1.3,\quad r=1$

(f)

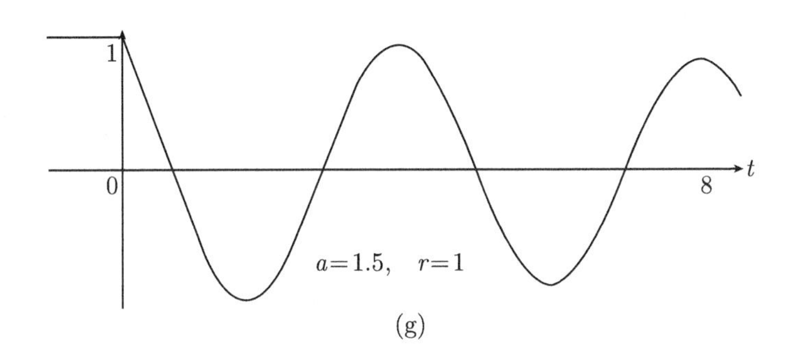
1
0
t
8
$a=1.5,\quad r=1$

(g)

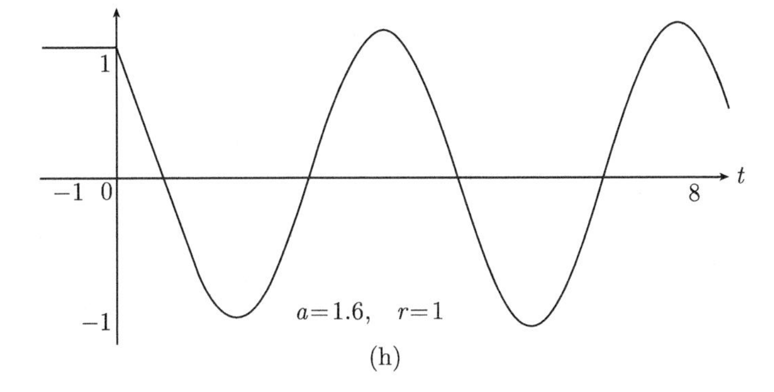
1
−1 0
t
8
−1
$a=1.6,\quad r=1$

(h)

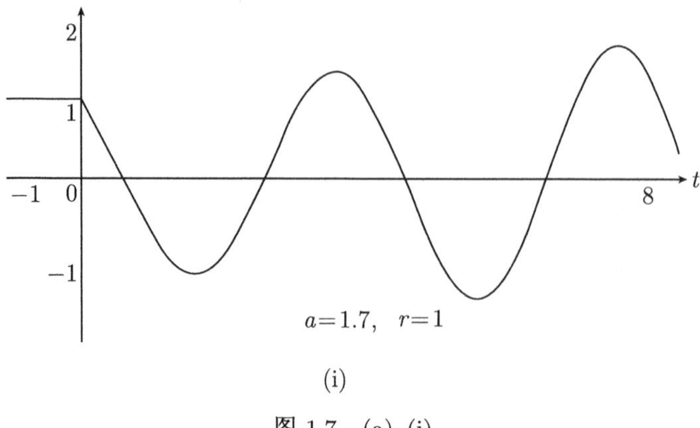

(i)

图 1.7 (a)–(i)

上面的解曲线图 1.7(a)–(i) 表明: 若选取 $r=1$, 当 a 的值不超过 0.4 时, 方程 (1.5) 的解单调地趋近于 0; 当 a 的值约介于 0.4 与 1.5 之间时, 解振动地趋近于 0; 而当 a 的值超过 1.5 时, 解振动地趋向于发散. 特别当 a 的值介于 1.5 与 1.6 之间时, 解 $x(t)$ 的曲线类似于余弦曲线.

下面考察是否具有类似于余弦曲线的解.

设方程 (1.5) 具有形如 $x(t)=\cos\omega t$ 的解, 并代入方程 (1.5) 得到

$$\text{左边}=-\omega\sin\omega t, \tag{1.7}$$

$$\text{右边}=-a\cos\omega(t-r)=-a\cos(\omega t-\omega r). \tag{1.8}$$

所以, 方程 (1.7) 与方程 (1.8) 相等的充分条件为

$$a=\omega,\quad \omega r=\frac{\pi}{2},$$

即

当 $ar=\dfrac{\pi}{2}$ 时, 方程 (1.5) 具有周期解 $x(t)=\cos\dfrac{\pi}{2r}t$.

下面对 $ar=\pi/2$ 的情形, 给出两类解曲线的数值模拟图. 首先, 例 1 中选取 $a=\pi/2, r=1$, 初始函数为 $\phi(t)=\cos(\pi t/2)$. 这时, 对应的解为周期解 $x(t)=\cos(\pi t/2)$(图 1.8).

例 2 中选取 $a=2, r=\pi/4$, 初始函数为 $\phi(t)=\cos 20t$. 这时, 对应的解曲线趋近于周期解 (图 1.8). 但是, 要证明这一结论, 需要用到有关渐近周期函数的理论知识①. 同时, 当 $ar=\pi/2$ 时, 收敛极限周期解可以精确地表示出来.

① 参考 [10] 的第 7 章及本书的第 5 章.

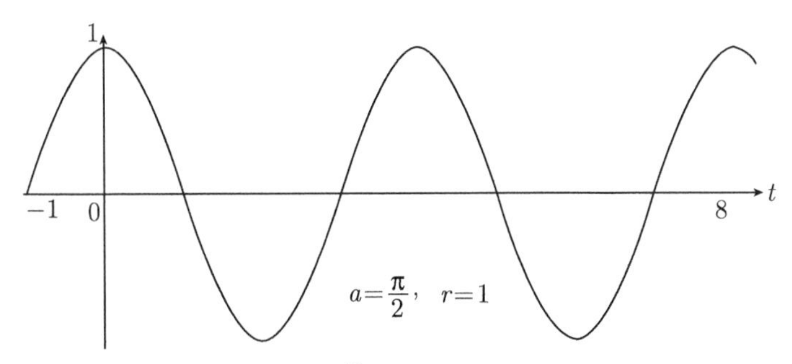

图 1.8 $a=\dfrac{\pi}{2}, r=1$ 时的解曲线图

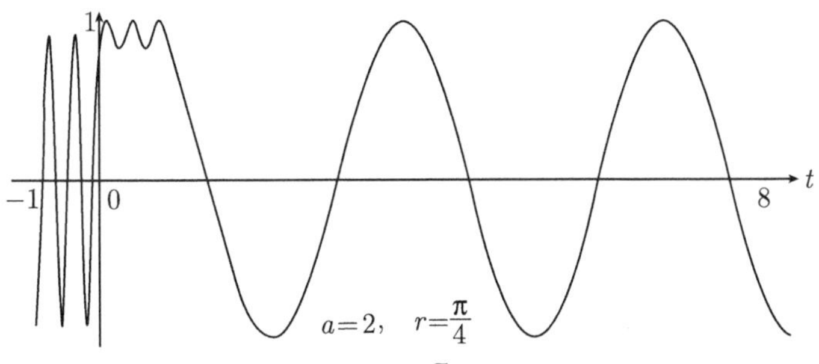

图 1.9 $a=2, r=\dfrac{\pi}{4}$ 时的解曲线图

下面对方程 (1.5). (其中 $a, r>0$)

解的振动问题作简单的讨论.

方程 (1.5) 的解 $x(t)$ 称为是**振动的**, 如果存在时间序列 $t_n: t_n \to +\infty$ $(n \to +\infty)$ 使得满足 $x(t_n)=0$. 但是 $x(t)$ 恒等于 0 的情形除外.

由本节给出的解曲线图 1.9 可以看出, 如果 $a=2$, 则当 r 的值不超过 0.2 时, 方程 (1.5) 的解是非振动的. 如果 $r=1$, 则当 a 的值不超过 0.4 时, 其解仍为非振动的. 现在讨论方程 (1.5) 具有非振动且衰减的解时, a, r 应满足的条件. 为此讨论

$$\exists \gamma>0 \ , \ x(t)=\mathrm{e}^{-\gamma t}$$

是方程 (1.5) 的解时, a, r 应满足的条件 (注意到 $x(t)=\mathrm{e}^{-\gamma t}$ 是非振动的). 将 $x(t)=e^{-\gamma t}$ 代入方程 (1.5), 得到

$$-\gamma \mathrm{e}^{-\gamma t}=-a \mathrm{e}^{-\gamma t} \cdot \mathrm{e}^{\gamma r}.$$

所以 $\gamma=a \mathrm{e}^{\gamma r}$, 只要讨论 a, r 为何值时,

$$\exists \gamma>0 \ , \ \gamma=a \mathrm{e}^{\gamma r}$$

成立即可. 显然, 这是一个极大值与极小值的计算问题.

参考图 1.10, 设 $f(\gamma) \equiv a\mathrm{e}^{\gamma r} - \gamma$, 则

$$f'(\gamma) = ar\mathrm{e}^{\gamma r} - 1.$$

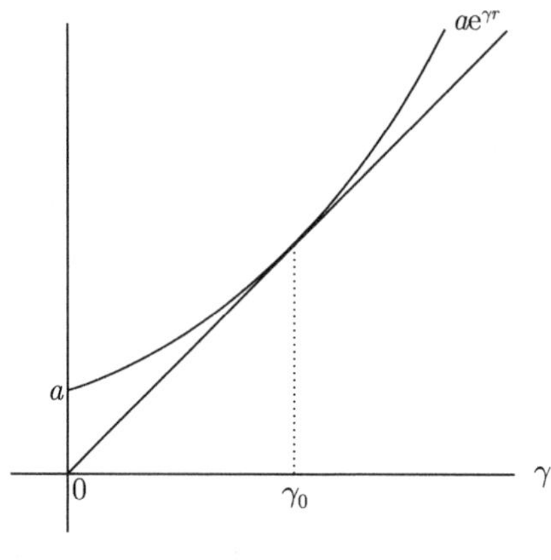

图 1.10

在 $f'(\gamma_0) = 0$ 的根 γ_0 处, $f(\gamma)$ 取得极小值. 由于 $f(0) = a > 0$, 所以 $f(\gamma) = 0$ 具有正根的充分条件是 $f(\gamma_0) \leqslant 0$. 注意到

$$ar\mathrm{e}^{\gamma_0 r} = 1 \quad \Longleftrightarrow \quad \gamma_0 = \frac{1}{r}\log\frac{1}{ar}, \tag{1.9}$$

由于

$$f(\gamma_0) = a\mathrm{e}^{\gamma_0 r} - \gamma_0 = \frac{1}{r} - \frac{1}{r}\log\frac{1}{ar} = \frac{1}{r}\left(1 - \log\frac{1}{ar}\right) \leqslant 0,$$

所以, 有

$$ar \leqslant \frac{1}{\mathrm{e}}.$$

进而得到:

若 $0 < ar \leqslant \frac{1}{\mathrm{e}}$, 方程 (1.5) 具有非振动解.

图 1.11 是当 $ar = \frac{1}{\mathrm{e}}$ $\left(a = 2,\ r = \frac{1}{2\mathrm{e}}\right.$, 初始函数为 $\phi(t) = \mathrm{e}^{-2\mathrm{e}t}$) 时对应的解曲

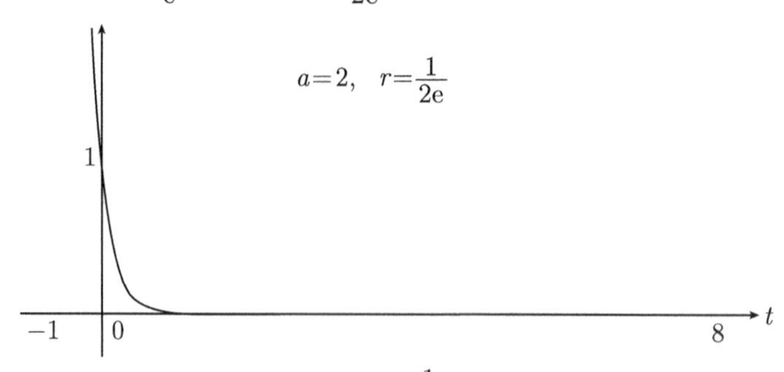

图 1.11 $a = 2, r = \frac{1}{2\mathrm{e}}$ 时的解曲线图

线图. 这时, 由式 (1.9) 可知 $\gamma_0 = 2\mathrm{e}$, 对应的精确解为 $x(t) = \mathrm{e}^{-2\mathrm{e}t}$. 显然, 此解是非振动的.

熟知, 对于以上讨论的一阶线性微分差分方程 (1.5) 有如下的定理:

定理 1.1 方程 (1.5) 的任意解趋近于 0 的充分必要条件是

$$0 < ar < \frac{\pi}{2}.$$

定理 1.2 方程 (1.5) 的任意非零解振动的充分必要条件是

$$ar > \frac{1}{\mathrm{e}}.$$

定理 1.1 和定理 1.2 中出现的重要常数 π 与 e 揭示了时滞微分方程的重要性.

练习 1.1 若具有 2 个时滞 r_1, r_2 的微分方程

$$x'(t) = -a(x(t-r_1) + x(t-r_2)) \qquad (r_1, r_2 \geqslant 0,\ r_1 + r_2 > 0)$$

有解 $\cos\omega t$, 试给出常数 a 满足的充分条件.

$$\left(\text{答: } a = \frac{\pi}{2(r_1+r_2)} \cdot \frac{1}{\cos\dfrac{\pi(r_1-r_2)}{2(r_1+r_2)}}\right)$$

这里顺便指出的是, 在有的论文或书中, 常常取时滞 r 为 1, 其主要理由如下对于方程

$$x'(t) = -ax(t-r),$$

令

$$s = \frac{t}{r},\ \ y(s) \equiv x(t) = x(rs),$$

则

$$\begin{aligned}\frac{\mathrm{d}y(s)}{\mathrm{d}s} &= \frac{\mathrm{d}y(s)}{\mathrm{d}t}\frac{\mathrm{d}t}{\mathrm{d}s} = \frac{\mathrm{d}x(t)}{\mathrm{d}t}\frac{\mathrm{d}t}{\mathrm{d}s} \\ &= -ax(t-r)\cdot r = -arx(r(s-1)) \\ &= -ary(s-1).\end{aligned}$$

方程 (1.5) 可化为

$$\frac{\mathrm{d}y(s)}{\mathrm{d}s} = -ary(s-1). \tag{1.10}$$

注意到 $y(s) \to 0\ (s \to +\infty)$与$x(t) \to 0\ (t \to +\infty)$是等价的, 且 $y(s)$ 与 $x(t)$ 的振动性也是等价的.

因此, 令 $\alpha \equiv ar$ 时, 方程 (1.10) 化为

$$y'(s) = -\alpha y(s-1) \qquad ({}' = \mathrm{d}/\mathrm{d}s\,).$$

此方程即为方程 (1.5) 中 $r = 1$ 的情形. 此外, 定理 1.1 和定理 1.2 的条件中的 a 与 r 以乘积的形式出现也是基于这一原因.

1.4 一阶线性积分微分方程

1.3 节中主要讨论了常数时滞 (time lag) 线性微分差分方程

$$x'(t) = -ax(t-r) \qquad (r > 0) \tag{1.5}$$

解的性质. 本节中, 将讨论如下形式的线性时滞微分方程

$$x'(t) = -a\int_{t-r}^{t} x(s)\mathrm{d}s, \tag{1.11}$$

其中 a 与 r $(r > 0)$ 为常数.

由方程 (1.11) 可知, 为了确定 $x'(t)$, 需要用到 $x(t)$ 于区间 $[t-r,t]$ 上所有的函数值, 即现在时刻 t 的导函数 $x'(t)$ 依赖于 $x(t)$ 于整个区间 $[t-r,t]$ 上的函数值. 所以, 方程 (1.11) 是时滞微分方程的一种特殊情形.

另一方面, 由方程 (1.5) 可以看出, 左端的 $x'(t)$ 由其右端的函数 $x(t-r)$ 所确定. 与此相比, 方程 (1.11) 左端的 $x'(t)$ 由其右端的泛函 $\displaystyle\int_{t-r}^{t} x(s)\mathrm{d}s$ 所确定. 所以, 形如方程 (1.11) 的方程又称为**积分微分方程** (integral differential equation), 也是**泛函微分方程** (functional differential equation) 的一种特殊情形.

类似于 1.3 节, 方程 (1.11) 的初始时刻取为 $t_0 = 0$, 初始区间 $-r \leqslant t \leqslant 0$ 上的初始函数设为 $\phi(t)$.

设方程 (1.11) 具有形如 $x(t) = c\mathrm{e}^{\lambda t}$ $(c \neq 0)$ 的解, 并代入方程 (1.11), 可得

$$c\lambda\mathrm{e}^{\lambda t} = -ac\int_{t-r}^{t} \mathrm{e}^{\lambda s}\mathrm{d}s = -ac\mathrm{e}^{\lambda t}\int_{-r}^{0} \mathrm{e}^{\lambda u}\mathrm{d}u.$$

两边除以 $c\mathrm{e}^{\lambda t}$, 便可得到**特征方程**

$$\lambda = -a\int_{-r}^{0} \mathrm{e}^{\lambda s}\mathrm{d}s. \tag{1.12}$$

显然方程 (1.12) 是超越方程, 关于 λ 的精确解是求不出来的. 下面同样给出一些计算机数值模拟.

选取 $r = 1$, 初始函数为 $\phi(t) \equiv 1$, 而 a 的值依次取为

$$a = 0.5,\quad 1,\quad 2,\quad 3,\quad 4,\quad 4.93,\quad 5.5,$$

方程 (1.11) 的解曲线图 1.12(a)–(g).

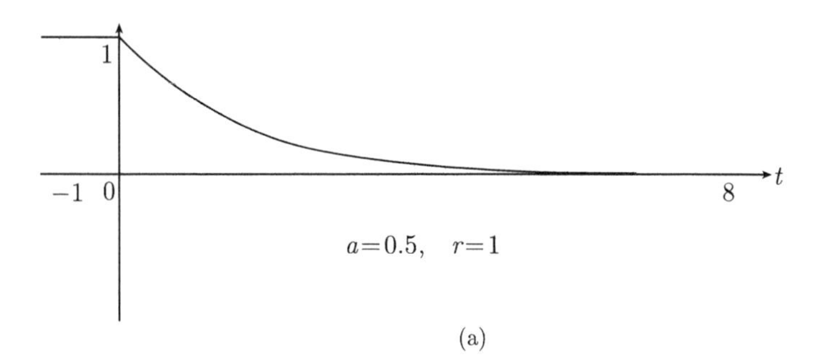

(a)

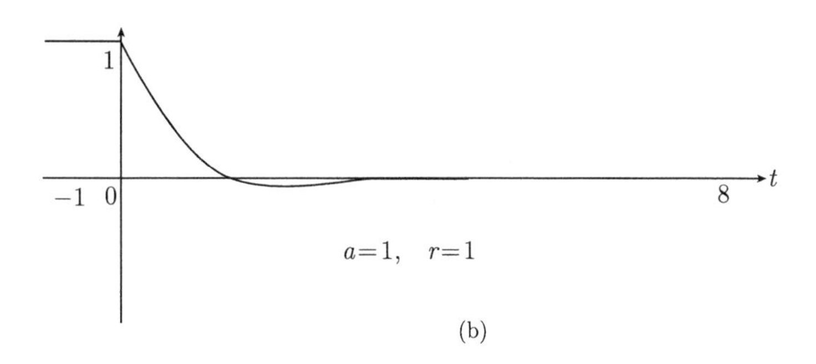

(b)

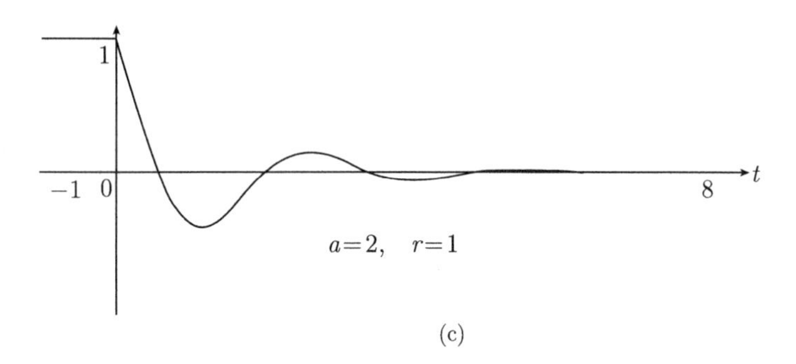

(c)

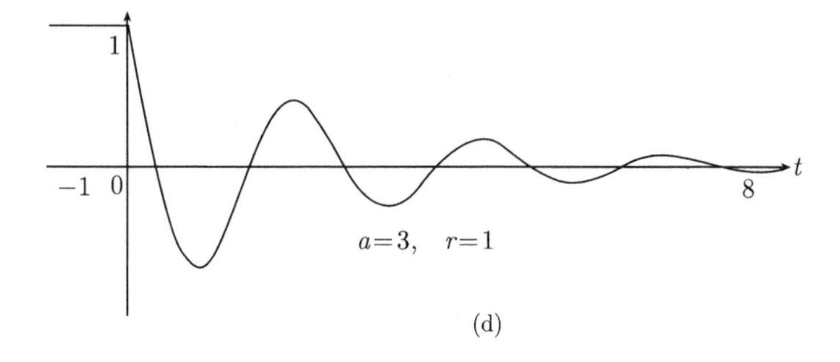

(d)

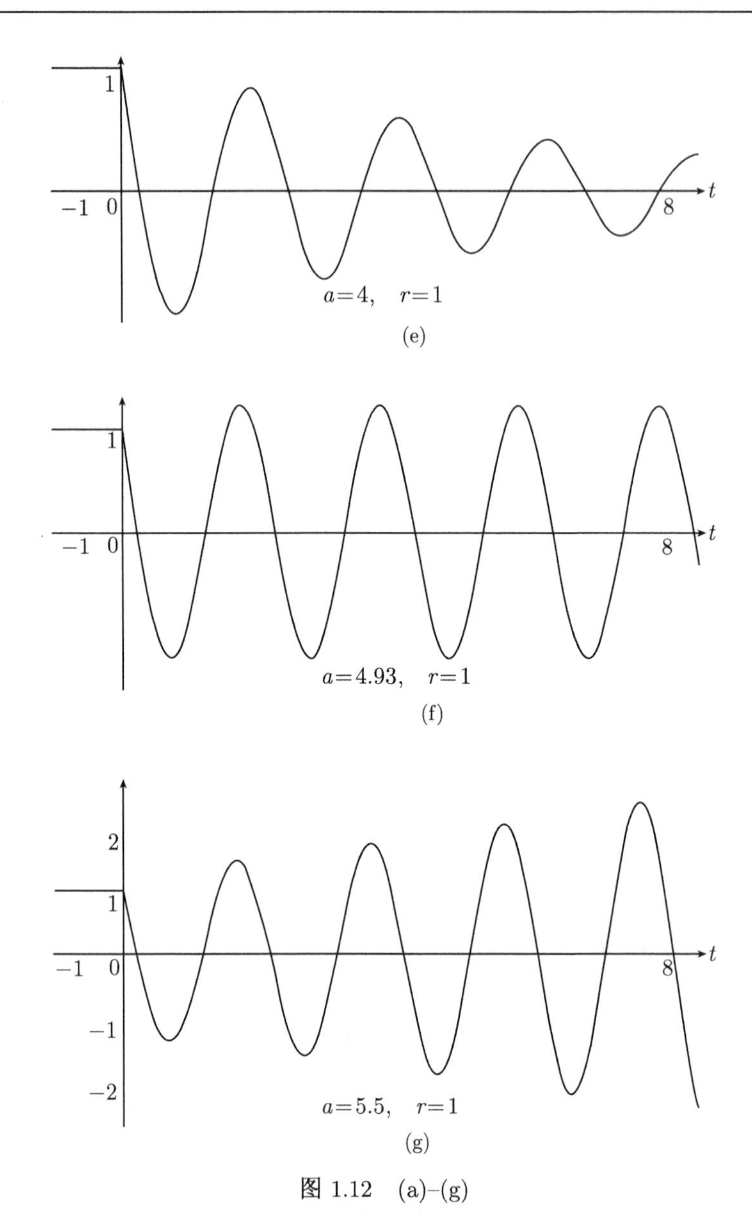

(e)

(f)

(g)

图 1.12　(a)–(g)

由以上解曲线图 1.12(a)–(g) 可知, 当 a 的取值变化时, 方程 (1.11) 解的渐近性态几乎与方程 (1.5) 完全类似. 当 $r = 1$ 且 a 的值约为 4.93 时, 方程 (1.11) 的解 $x(t)$ 类似于周期函数. 其实, 当 $a = \pi^2/2 \approx 4.93480\cdots$ 时, 方程 (1.11) 具有精确解 $\cos \pi t$.

图 1.13 是当 $a = \pi^2/2$, $r = 1$, 而初始函数为 $\phi(t) = \cos \pi t$ 时, 方程 (1.11) 的解曲线图. 这时, 对应的解为周期解 $x(t) = \cos \pi t$.

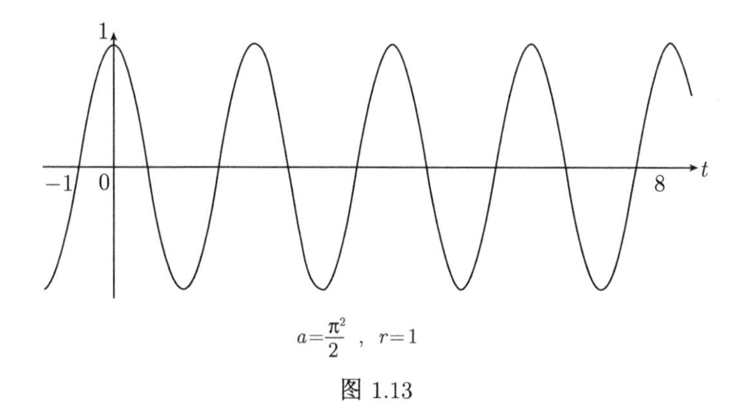

图 1.13

练习 1.2 若积分微分方程 (1.11) 具有形如 $x(t) = \cos\omega t$ 的解, 试给出常数 a 满足的充分条件.

$$\left(\text{答: } a = \frac{\pi^2}{2r^2}\right)$$

对以上所考虑的一阶积分微分方程 (1.11), 熟知有以下的定理 1.3.

定理 1.3 方程 (1.11) 的任意解趋近于 0 的充分必要条件是

$$0 < a < \frac{\pi^2}{2r^2}.$$

练习 1.3 利用变换 $u = t/r$, $y(u) \equiv x(t) = x(ru)$ 将方程 (1.11) 化为

$$\frac{\mathrm{d}y(u)}{\mathrm{d}u} = -ar^2 \int_{u-1}^{u} y(v)\mathrm{d}v.$$

练习 1.4 设 $0 \leqslant r_2 < r_1$. 若一阶积分微分方程

$$x'(t) = -a \int_{t-r_1}^{t-r_2} x(s)\mathrm{d}s$$

具有形如 $x(t) = \cos\omega t$ 的解, 试给出常数 a 满足的充分条件.

$$\left(\text{答: } a = \frac{\pi^2}{2(r_1+r_2)^2} \cdot \frac{1}{\sin\dfrac{\pi(r_1-r_2)}{2(r_1+r_2)}}\right)$$

练习 1.5 设 $r > 0$, $m, n \in \mathbf{R}$. 若一阶积分微分方程

$$x'(t) = -a\left\{mx(t-r) + n\int_{t-2r}^{t} x(s)\mathrm{d}s\right\}$$

具有形如 $x(t) = \cos\omega t$ 的解, 试给出常数 a 满足的充分条件.

$$\left(\text{答: } a = \frac{1}{m\pi + 4nr} \cdot \frac{\pi^2}{2r}\right)$$

第 2 章 特征方程与线性微分差分方程的稳定性和振动性

本章对第 1 章所讨论过的一阶常系数线性时滞微分方程零解的渐近稳定性与振动性进行严格的理论分析. 另外对二维系统也将进行讨论.

2.1 特征方程

首先, 对于如下的线性时滞微分方程

$$x'(t) = Ax(t-r), \tag{2.1}$$

给出其特征方程的定义, 其中 A 是 $n \times n$ 阶实常数矩阵, $r \geqslant 0$ 是常数.

设方程 (2.1) 具有形如 $x(t) = b\mathrm{e}^{\lambda t}$ 的解, 其中 b 是非零向量, $\lambda \in \mathbf{C}$. 将 $x(t) = b\mathrm{e}^{\lambda t}$ 代入方程 (2.1), 得到

$$b\lambda \mathrm{e}^{\lambda t} = Ab\mathrm{e}^{\lambda(t-r)}.$$

因此,

$$(\lambda I - A\mathrm{e}^{-\lambda r})b = 0.$$

其中 I 是 $n \times n$ 阶单位矩阵. $b \neq 0$ 的充分必要条件为

$$\det(\lambda I - A\mathrm{e}^{-\lambda r}) = 0. \tag{2.2}$$

称方程 (2.2) 为方程 (2.1) 的**特征方程**.

注 2.1 若 $r = 0$, 方程 (2.2) 化为

$$\det(\lambda I - A) = 0,$$

这即为通常的矩阵 A 的特征方程.

下面, 首先用简单的例子来分析不含有时滞和含有时滞的微分方程的特征方程的根在复平面内的变化以及对应方程的解曲线的变化.

考虑常微分方程组:

$$x' = Ax, \tag{2.3}$$

其中

$$A=\begin{pmatrix} 0 & -\beta \\ \beta & 0 \end{pmatrix},\quad \beta\neq 0. \tag{2.4}$$

方程 (2.3) 的特征方程为

$$\det(\lambda I-A)=\begin{vmatrix} \lambda & \beta \\ -\beta & \lambda \end{vmatrix}=\lambda^2+\beta^2=0, \tag{2.5}$$

对应的特征根为 $\lambda=\pm\mathrm{i}\beta$. 与 $\lambda=\mathrm{i}\beta$, $-\mathrm{i}\beta$ 所对应的 A 的特征向量分别为

$$\begin{pmatrix} 1 \\ -\mathrm{i} \end{pmatrix},\quad \begin{pmatrix} 1 \\ \mathrm{i} \end{pmatrix}.$$

所以, 方程 (2.3) 的基本解组为

$$\begin{pmatrix} 1 \\ -\mathrm{i} \end{pmatrix}\mathrm{e}^{\mathrm{i}\beta t},\quad \begin{pmatrix} 1 \\ \mathrm{i} \end{pmatrix}\mathrm{e}^{-\mathrm{i}\beta t}.$$

由欧拉公式 $\mathrm{e}^{\pm\mathrm{i}\beta t}=\cos\beta t\pm\mathrm{i}\sin\beta t$, 可知方程 (2.3) 的基本解组又可表示为

$$\begin{pmatrix} \cos\beta t \\ -\sin\beta t \end{pmatrix},\quad \begin{pmatrix} \sin\beta t \\ \cos\beta t \end{pmatrix}.$$

于是, 方程 (2.3) 的任意解 $(x(t),y(t))$ 位于圆周上.

其次, 对于时滞微分方程组

$$x'(t)=Ax(t-r), \tag{2.6}$$

讨论其轨道的变化情况, 其中 $r>0$, A 是由方程 (2.4) 所给出的常数矩阵. 方程 (2.6) 的特征方程为

$$\det(\lambda I-A\mathrm{e}^{-\lambda r})=\begin{vmatrix} \lambda & \beta\mathrm{e}^{-\lambda r} \\ -\beta\mathrm{e}^{-\lambda r} & \lambda \end{vmatrix}=\lambda^2+\beta^2\mathrm{e}^{-2\lambda r}=0. \tag{2.7}$$

现在考虑在复平面内方程 (2.7) 根的分布情况, 即与方程 (2.5) 相比较, 根 λ 实部的变化情况. 方程 (2.7) 两端关于 r 求导, 得

$$2\lambda\frac{\mathrm{d}\lambda}{\mathrm{d}r}+\beta^2(-2r)\mathrm{e}^{-2r\lambda}\frac{\mathrm{d}\lambda}{\mathrm{d}r}+\beta^2(-2\lambda)\mathrm{e}^{-2r\lambda}=0.$$

所以,

$$\frac{\mathrm{d}\lambda}{\mathrm{d}r}=\frac{\beta^2\lambda\mathrm{e}^{-2r\lambda}}{\lambda-\beta^2r\mathrm{e}^{-2r\lambda}}.$$

另一方面, $r=0$ 时,$\lambda=\pm\mathrm{i}\beta$. 考查此根的变化, 不难发现

$$\left.\frac{\mathrm{d}\lambda}{\mathrm{d}r}\right|_{r=0,\lambda=\pm\mathrm{i}\beta}=\frac{\beta^2(\pm\mathrm{i}\beta)}{\pm\mathrm{i}\beta}=\beta^2>0.$$

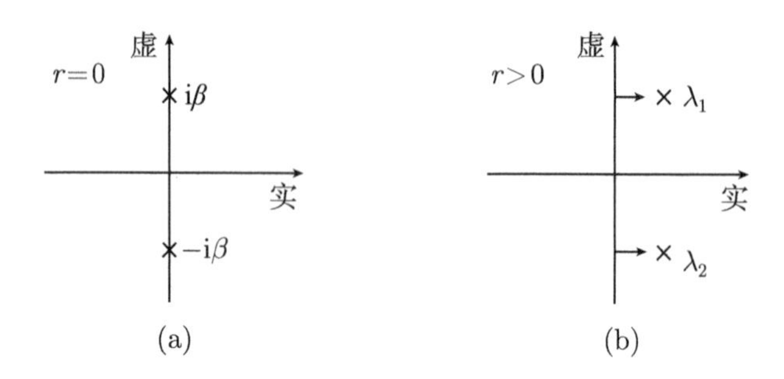

图 2.1 复平面上方程 (2.7) 根的分布

因此, 当 r 从 0 开始稍微增加时, 特征根 $\lambda = \pm \mathrm{i}\beta$ 将进入到右半平面. 此外, 对于充分小的正数 r, 方程 (2.6) 的轨线位于方程 (2.3) 的轨线附近. 由以上的讨论可知, 方程 (2.7) 的特征根中具有实部为正的根, 即方程 (2.6) 的轨道是发散的. 图 2.2 是轨线的计算机数值模拟.

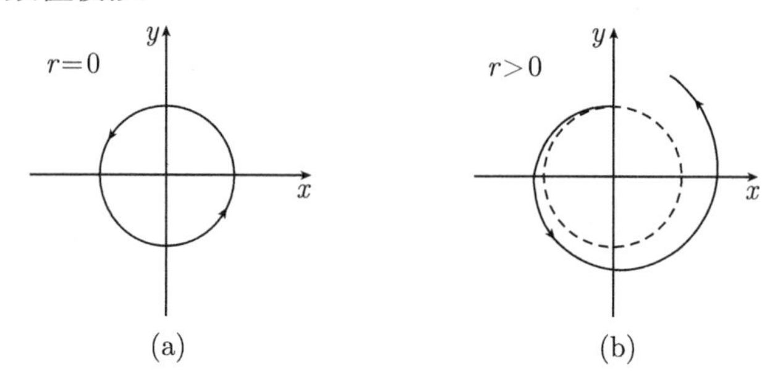

图 2.2 方程 (2.3) 及方程 (2.6) 的轨线

注 2.2 可以推得特征方程 (2.2) 的根分布在图 2.3 的阴影部分 (定理 5.6).

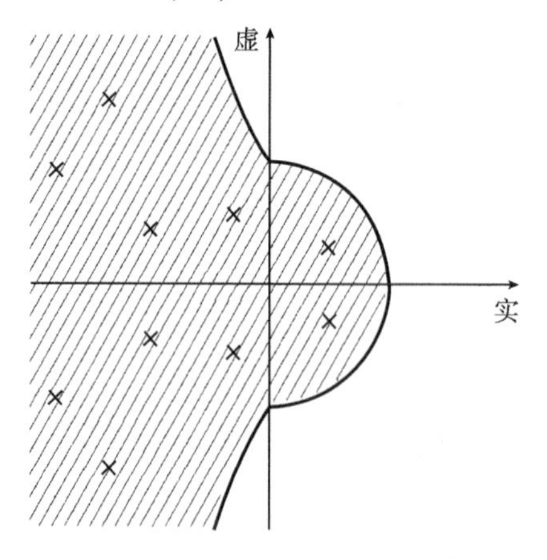

图 2.3 特征方程 (2.2) 的根的分布区域

此外, $r=0$ 时, 特征方程 (2.2) 具有 n 个特征根. 当 r 从 0 开始增加时, 新的特征根将出现. 其实可以断言复平面的无穷远处不会有新的特征根进入到复平面的右半部 (参考附录一).

练习 2.1 对于方程

$$x' = Ax \tag{2.8}$$

与

$$x'(t) = Ax(t-r), \tag{2.9}$$

解答以下问题, 其中

$$A = \begin{pmatrix} a & b \\ c & d \end{pmatrix}, \quad a+d=0, \quad ad-bc>0.$$

(i) 证明方程 (2.8) 的特征根位于虚轴上;

(ii) 对充分小的 $r>0$, 讨论方程 (2.9) 的特征根的实部的变化情况.

2.2 稳定性定义

对于时滞微分方程

$$x'(t) = Ax(t-r), \tag{2.10}$$

给出稳定性的定义, 这里 A 为 $n\times n$ 阶实常数矩阵, 时滞 $r\geqslant 0$.

对于任意给定的初始时刻 $t_0\geqslant 0$ 与初始函数 $\phi\in C([-r,0],\mathbf{R}^n)$, 方程 (2.10) 过 (t_0,ϕ) 的解记为 $x(t;t_0,\phi)$ (解的精确定义可参考第 4 章). 显然, $x(t)\equiv 0$ 是方程 (2.10) 的解, 此解又称为方程 (2.10) 的**零解**.

定义 2.1 对 $\phi\in C([-r,0],\mathbf{R}^n)$, 记 $\|\phi\|=\sup_{-r\leqslant s\leqslant 0}|\phi(s)|$.

(i) 方程 (2.10) 的零解称为是**一致稳定的**, 如果对任意的 $\varepsilon>0$, 存在 $\delta(\varepsilon)>0$, 使得对任意的 (t_0,ϕ), 有

$$\|\phi\|<\delta(\varepsilon) \quad \Longrightarrow \quad |x(t;t_0,\phi)|<\varepsilon \quad (t\geqslant t_0)$$

成立.

(ii) 方程 (2.10) 的零解称为是**一致吸引的**, 如果存在 $\delta_0>0$, 对于任意的 $\varepsilon>0$, 存在 $T(\varepsilon)>0$, 使得对于任意的 (t_0,ϕ), 有

$$\|\phi\|<\delta_0 \quad \Longrightarrow \quad |x(t;t_0,\phi)|<\varepsilon \quad (t\geqslant t_0+T(\varepsilon))$$

成立.

(iii) 方程 (2.10) 的零解称为是**一致渐近稳定的**, 如果方程 (2.10) 的零解是一致稳定的且是一致吸引的.

(iv) 方程 (2.10) 的零解称为是**指数渐近稳定的**, 如果存在 $\lambda > 0$, 对任意的 $\varepsilon > 0$, 存在 $\delta(\varepsilon) > 0$, 使得对于任意的 (t_0, ϕ), 有

$$\|\phi\| < \delta(\varepsilon) \quad \Longrightarrow \quad |x(t;t_0,\phi)| < \varepsilon \mathrm{e}^{-\lambda(t-t_0)} \quad (t \geqslant t_0)$$

成立.

众所周知, 对于方程 (2.10), 其零解的一致渐近稳定性与指数渐近稳定性是等价的 (参考文献 [10], p.185). 另外, 对于一般的泛函微分方程, 其零解的稳定性的定义将在第 6 章中给出.

下面的定理 A 在 2.3 节以后所述定理的证明中将起到重要的作用 (参考文献 [10] 中定理 1.4.1 与定理 1.6.2 或本书的附录一).

定理 A 方程 (2.10) 的零解一致渐近稳定的充分必要条件是特征方程 $\det(\lambda I - A\mathrm{e}^{-\lambda r}) = 0$ 的所有根 λ 全分布在复平面的左半部, 即

$$\mathrm{Re}\,\lambda < 0 \quad ({}^{\forall}\lambda).$$

2.3 渐近稳定性 (一维情形)

考虑标量方程

$$x'(t) = -ax(t-r), \tag{2.11}$$

其中 $a \in \mathbf{R}$, $r > 0$.

定理 2.1 方程 (2.11) 的零解一致渐近稳定的充分必要条件是

$$0 < ar < \frac{\pi}{2}. \tag{2.12}$$

方程 (2.11) 的特征方程为

$$p(\lambda) \equiv \lambda + a\mathrm{e}^{-\lambda r} = 0. \tag{2.13}$$

注 2.3 当 $r = 0$ 时, 方程 (2.13) 化为 $\lambda + a = 0$, 即 $\lambda = -a$. 由于 $\mathrm{Re}\,\lambda = -a$, 所以有

$$\mathrm{Re}\,\lambda < 0 \quad \Longleftrightarrow \quad a > 0.$$

定理 2.1 的证明 首先, 若 $a = 0$, 则由 $x'(t) = 0$ 知方程 (2.11) 的解为 $x(t) \equiv$ 常数. 此解显然不趋近于 0. 故方程 (2.11) 的零解不是一致渐近稳定的. 若 $a < 0$, 选取初始时刻为 $t_0 = 0$, 初始函数为 $\phi(t) \equiv \delta > 0$, 则由方程 (2.11) 可得

$$x'(t) = -a\delta > 0 \qquad (0 \leqslant t \leqslant r).$$

注意到 $t \geqslant r$ 时,$x'(t) > 0$. 所以, 方程 (2.11) 以 $\phi(t) \equiv \delta > 0$ 为初始函数的解 $x(t)$ 为增函数, 且不趋近于 0. 故方程 (2.11) 的零解不是一致渐近稳定的.

以下考虑 $a > 0$ 的情形. 由定理 A, 只要证明 (2.12) $\Longleftrightarrow p(\lambda) = 0$ 的所有的根 λ满足$\mathrm{Re}\,\lambda < 0$ 即可.

充分性 若 $r = 0$, 则由注 2.3 可知, $a > 0$ 时, 方程 (2.11) 的特征根 $\mathrm{Re}\,\lambda < 0$, 即方程 (2.11) 的零解是一致渐近稳定的.

当 r 从大于 0 方向微小地增加时, 由注 2.3 可知, 方程 (2.11) 的全部特征根显然满足 $\mathrm{Re}\,\lambda < 0$, 即方程 (2.11) 的零解仍是一致渐近稳定的.

设当 r 的值进一步增加时, 方程 (2.11) 的零解变为不一致渐近稳定. 这时, 由定理 A 可知, 对于每个使得方程 (2.11) 的零解变为非一致渐近稳定的最小的 $r = r^* > 0$, 方程 (2.13) 的根 λ 必将横截穿过虚轴. 这里需要注意到, $a \neq 0$ 时, 方程 (2.13) 不具有零根 $\lambda = 0$.

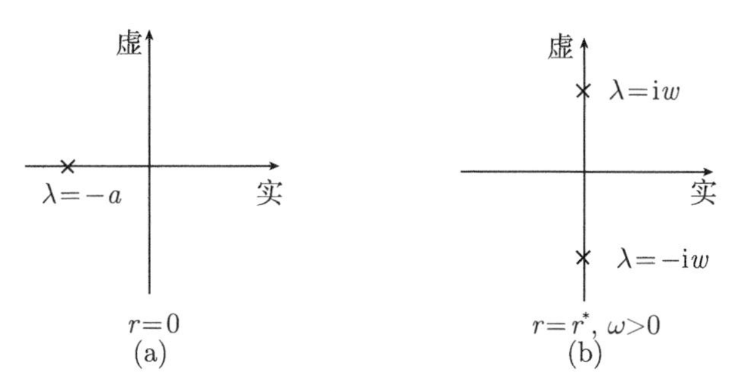

图 2.4 复平面上 $p(\lambda) = 0$ 的根的分布

于是, 当 $r = r^*$ 时, 必存在 $\omega > 0$ 使得如下条件之一成立:

(i) $p(\mathrm{i}\omega) = 0$;

(ii) $p(-\mathrm{i}\omega) = 0$.

由方程 (2.13) 可知 $p(\mathrm{i}\omega) = 0$ 与 $p(-\mathrm{i}\omega) = 0$ 等价, 所以, 条件 (i) 与条件 (ii) 同时成立.

现考虑情形 (i). 由于

$$p(\mathrm{i}\omega) = \mathrm{i}\omega + a\mathrm{e}^{-\mathrm{i}\omega r^*} = a\cos(\omega r^*) + \mathrm{i}\{\omega - a\sin(\omega r^*)\},$$

且 $a > 0$, 则 $p(\mathrm{i}\omega) = 0$ 等价于

$$\cos(\omega r^*) = 0, \tag{2.14}$$

且

$$\sin(\omega r^*) = \frac{\omega}{a} > 0. \tag{2.15}$$

于是, 由 (2.14), (2.15) 可得

$$\omega r^* = \frac{\pi}{2} + 2n\pi, \quad n = 0, \pm 1, \pm 2, \cdots, \tag{2.16}$$

且

$$\frac{\omega}{a} = 1.$$

注意到 $\omega r^* > 0$, 有 $n = 0, 1, 2, \cdots$. 又由于 $\omega = a$, 可得

$$r^* = \frac{1}{a}\left(\frac{\pi}{2} + 2n\pi\right), \quad n = 0, 1, 2, \cdots. \tag{2.17}$$

设 $r = r^*$ 时, $p(\lambda) = 0$ 的根在 $\lambda = \mathrm{i}\omega$ 处首次横穿过虚轴. 在 (2.17) 中, $n = 0$ 时, 对应的 r 值为 r^*. 因此,

$$0 < r < r^* = \frac{\pi}{2a},$$

即若 (2.12) 成立, 则 $p(\lambda) = 0$ 的根不可能横截穿过虚轴. 因而, 所有的根 λ 满足 $\mathrm{Re}\,\lambda < 0$, 即由定理 A 可知方程 (2.11) 的零解为一致渐近稳定的.

必要性 只要证明 $ar \geqslant \frac{\pi}{2} \implies$ 方程 (2.11) 的零解不是一致渐近稳定即可. 由充分性的证明和 (2.17) 可知,

$$ar = \frac{\pi}{2} \implies \text{存在 } \omega > 0 \text{ 使得 } p(\pm\mathrm{i}\omega) = 0.$$

事实上, 由 (2.16) 知, ω 具有形式 $\omega r = \pi/2 + 2n\pi$ $(n = 0, 1, 2, \cdots)$. 并注意到 $\lambda = \pm\mathrm{i}\omega$ 时, $\mathrm{Re}\,\lambda = 0$.

现讨论当 r 由 $ar = \pi/2$ 开始微小地增加时, 方程 (2.13) 的根 $\lambda = \pm\mathrm{i}\omega$ 在复平面上变化. 为此, 讨论

$$\mathrm{Re}\,\frac{\mathrm{d}\lambda}{\mathrm{d}r}\bigg|_{\lambda=\pm\mathrm{i}\omega}$$

的符号. 方程 (2.13) 的两边关于 r 微分可得

$$\frac{\mathrm{d}\lambda}{\mathrm{d}r} - are^{-\lambda r}\frac{\mathrm{d}\lambda}{\mathrm{d}r} - a\lambda\mathrm{e}^{-\lambda r} = 0.$$

注意到 $-a\mathrm{e}^{-\lambda r} = \lambda$, 进而有

$$\frac{\mathrm{d}\lambda}{\mathrm{d}r} + \lambda r\frac{\mathrm{d}\lambda}{\mathrm{d}r} + \lambda^2 = 0.$$

所以, 有

$$\frac{\mathrm{d}\lambda}{\mathrm{d}r} = -\frac{\lambda^2}{1 + \lambda r}. \tag{2.18}$$

于是,

$$\mathrm{Re}\,\frac{\mathrm{d}\lambda}{\mathrm{d}r}\bigg|_{\lambda=\pm\mathrm{i}\omega} = \mathrm{Re}\,\frac{\omega^2}{1 \pm \mathrm{i}\omega r} = \frac{\omega^2}{1 + \omega^2 r^2} > 0.$$

这表明当 r 由 $ar=\pi/2$ 开始微小地增加时, 虚轴上的根 λ 将进入右半平面. 根据定理 A 可知方程 (2.11) 的零解是不一致渐近稳定的.

进一步, 设 r 继续增大使得当 $r=\tilde{r}$ 时, 根 λ 回到虚轴上, 并设对应的重虚根为 $\lambda=\mathrm{i}\tilde{\omega}$ $(\tilde{\omega}\neq 0)$. 这时, 完全类似于方程 (2.18) 的推导可得

$$\mathrm{Re}\,\frac{\mathrm{d}\lambda}{\mathrm{d}r}\bigg|_{\lambda=\mathrm{i}\tilde{\omega}}=\frac{\tilde{\omega}^2}{1+\tilde{\omega}^2\tilde{r}^2}>0.$$

这表明当 r 由 $\tilde{r}$ 开始微小地增加时, 虚轴上的根 $\lambda=\mathrm{i}\tilde{\omega}$ 同样进入到右半平面. 于是, 得到

$$ar\geqslant\frac{\pi}{2}\implies p(\lambda)=0 \text{ 有根 } \lambda \text{ 满足 } \mathrm{Re}\,\lambda\geqslant 0.$$

这样, 由定理 A 可知方程 (2.11) 的零解不是一致渐近稳定的. 证毕.

练习 2.2 证明具有 2 个时滞 r_1, r_2 的微分方程

$$x'(t)=-a(x(t-r_1)+x(t-r_2)) \tag{2.19}$$

的零解为一致渐近稳定的充分必要条件是

$$0<a(r_1+r_2)\cos\frac{\pi(r_1-r_2)}{2(r_1+r_2)}<\frac{\pi}{2},$$

其中 $a\in\mathbf{R}$, $r_1, r_2\geqslant 0$, $r_1+r_2>0$ (参考文献 [29] 的定理 4.2).

2.4 渐近稳定性 (二维情形)

本节考虑如下的方程:

$$x'(t)=-Ax(t-r), \tag{2.20}$$

其中 A 是 2×2 阶实常数矩阵, $r>0$.

很显然, 矩阵 A 的特征值可分为如下两种情形:

(I) 具有实特征值 a_1, a_2;

(II) 具有复特征值 $\rho(\cos\theta\pm\mathrm{i}\sin\theta)$.

由矩阵理论知, 存在非奇异矩阵 P 使得对应于情形 (I) 和情形 (II), 分别有

$$P^{-1}AP=\begin{pmatrix} a_1 & b \\ 0 & a_2 \end{pmatrix} \quad (b\in\mathbf{R})$$

和

$$P^{-1}AP=\begin{pmatrix} \cos\theta & -\sin\theta \\ \sin\theta & \cos\theta \end{pmatrix}$$

成立. 对于方程 (2.20), 作线性变换 $x = Py$, 可得

$$y'(t) = P^{-1}x'(t) = -P^{-1}Ax(t-r) = -P^{-1}APy(t-r),$$

即方程 (2.20) 等价地化为

$$y'(t) = -P^{-1}APy(t-r).$$

若仍然用 $x(t)$ 表示 $y(t)$, 对应于情形 (I) 和情形 (II), 得到等价的方程

$$x'(t) = -\begin{pmatrix} a_1 & b \\ 0 & a_2 \end{pmatrix} x(t-r) \tag{2.21}$$

与

$$x'(t) = -\rho\begin{pmatrix} \cos\theta & -\sin\theta \\ \sin\theta & \cos\theta \end{pmatrix} x(t-r). \tag{2.22}$$

下面对方程 (2.21) 与方程 (2.22), 给出与定理 2.1 类似的结论, 这里设

$$a_1,\ a_2,\ b,\ \rho \in \mathbf{R}, \quad |\theta| < \frac{\pi}{2}.$$

定理 2.2 方程 (2.21) 的零解为一致渐近稳定的充分必要条件是

$$0 < a_1 r < \frac{\pi}{2}, \quad 0 < a_2 r < \frac{\pi}{2}.$$

定理 2.3 方程 (2.22) 的零解为一致渐近稳定的充分必要条件是

$$0 < \rho r < \frac{\pi}{2} - |\theta|. \tag{2.23}$$

注 2.4 若 $\theta = 0$, 定理 2.3 的条件 (2.23) 与定理 2.1 的条件 (2.12) 一致.

证明 方程 (2.21) 的特征方程为

$$p(\lambda) = \det\left\{\begin{pmatrix} \lambda & 0 \\ 0 & \lambda \end{pmatrix} + \mathrm{e}^{-\lambda r}\begin{pmatrix} a_1 & b \\ 0 & a_2 \end{pmatrix}\right\} = 0,$$

即

$$p(\lambda) = \begin{vmatrix} \lambda + a_1\mathrm{e}^{-\lambda r} & b\mathrm{e}^{-\lambda r} \\ 0 & \lambda + a_2\mathrm{e}^{-\lambda r} \end{vmatrix} = (\lambda + a_1\mathrm{e}^{-\lambda r})(\lambda + a_2\mathrm{e}^{-\lambda r}) = 0.$$

注意到由定理 A 可知

方程 (2.21) 的零解一致渐近稳定 $\Longleftrightarrow$ $p(\lambda) = 0$ 的所有根 λ 满足 $\mathrm{Re}\,\lambda < 0$.

由于

$$p(\lambda) = 0 \iff \lambda + a_1\mathrm{e}^{-\lambda r} = 0 \text{ 或 } \lambda + a_2\mathrm{e}^{-\lambda r} = 0,$$

则由定理 2.1 可知

$$p(\lambda)=0 \text{ 的所有根 } \lambda \text{满足 } \operatorname{Re}\lambda<0 \Longleftrightarrow 0<a_1r<\frac{\pi}{2} \quad \text{且} \quad 0<a_2r<\frac{\pi}{2}.$$

定理 2.2 得证. 证毕.

定理 2.3 的证明 特征方程 (2.22) 为

$$p(\lambda)=\det\left\{\begin{pmatrix}\lambda & 0\\ 0 & \lambda\end{pmatrix}+\mathrm{e}^{-\lambda r}\rho\begin{pmatrix}\cos\theta & -\sin\theta\\ \sin\theta & \cos\theta\end{pmatrix}\right\}=0,$$

即

$$\begin{aligned}p(\lambda)=&\begin{vmatrix}\lambda+\mathrm{e}^{-\lambda r}\rho\cos\theta & -\mathrm{e}^{-\lambda r}\rho\sin\theta\\ \mathrm{e}^{-\lambda r}\rho\sin\theta & \lambda+\mathrm{e}^{-\lambda r}\rho\cos\theta\end{vmatrix}\\ =&(\lambda+\mathrm{e}^{-\lambda r}\rho\cos\theta)^2+(\mathrm{e}^{-\lambda r}\rho\sin\theta)^2\\ =&(\lambda+\mathrm{e}^{-\lambda r}\rho\cos\theta)^2-(\mathrm{i}\mathrm{e}^{-\lambda r}\rho\sin\theta)^2\\ =&\{\lambda+\rho\mathrm{e}^{-\lambda r}(\cos\theta+\mathrm{i}\sin\theta)\}\{\lambda+\rho\mathrm{e}^{-\lambda r}(\cos\theta-\mathrm{i}\sin\theta)\}\\ =&\{\lambda+\rho\mathrm{e}^{-\lambda r}\mathrm{e}^{\mathrm{i}\theta}\}\{\lambda+\rho\mathrm{e}^{-\lambda r}\mathrm{e}^{-\mathrm{i}\theta}\}.\end{aligned}$$

设

$$p_+(\lambda)=\lambda+\rho\mathrm{e}^{-\lambda r}\mathrm{e}^{\mathrm{i}\theta},\quad p_-(\lambda)=\lambda+\rho\mathrm{e}^{-\lambda r}\mathrm{e}^{-\mathrm{i}\theta},$$

则

$$p(\lambda)=0\Longleftrightarrow p_+(\lambda)=0 \quad \text{或} \quad p_-(\lambda)=0.$$

并注意到

$$p_+(\lambda)=\overline{p_-(\overline{\lambda})}. \tag{2.24}$$

充分性 若 $r=0$, 则由 $p(\lambda)=0$ 可得

$$\lambda+\rho\mathrm{e}^{\mathrm{i}\theta}=0 \quad \text{或} \quad \lambda+\rho\mathrm{e}^{-\mathrm{i}\theta}=0.$$

注意到 $\rho>0$ 且 $|\theta|<\pi/2$, 有

$$\operatorname{Re}\lambda=-\rho\cos\theta<0.$$

这表明当 $r=0$ 时, 方程 (2.22) 的所有特征根均分布在复平面的左半部, 所以, 方程 (2.22) 的零解一致渐近稳定.

设 r 从 0 开始微小地增加时, 方程 (2.22) 的零解变为不一致渐近稳定. 由定理 A, 设 $r=r^*>0$ 是使得方程 (2.22) 的零解为不一致渐近稳定的最小的 r. 于是, 至少有 $p(\lambda)=0$ 的一个根 λ 横截穿过虚轴, 如图 2.5 所示. 但是, 注意到当 $\lambda=0$ 时,$p(\lambda)=\rho^2>0$, 即表明 $\lambda=0$ 不为 $p(\lambda)=0$ 的根.

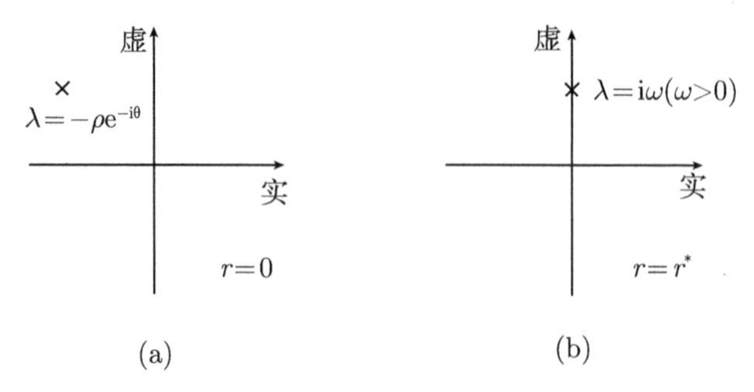

图 2.5　复平面上 $p(\lambda)=0$ 根的分布

由以上分析可知当 $r=r^*$ 时, 存在 $\omega>0$ 使得以下其中之一成立:

(i) $p_+(i\omega)=0$;

(ii) $p_+(-i\omega)=0$;

(iii) $p_-(i\omega)=0$;

(iv) $p_-(-i\omega)=0$.

由 (2.24) 可知

$$p_+(\lambda)=0 \iff p_-(\bar{\lambda})=0.$$

所以, 只要讨论情形 (i) 和情形 (ii) 即可. 对于情形 (i), 由于

$$\begin{aligned}p_+(i\omega)=&i\omega+\rho e^{-i\omega r^*}e^{i\theta}\\=&\rho\cos(\omega r^*-\theta)+i\{\omega-\rho\sin(\omega r^*-\theta)\},\end{aligned}$$

则 $p_+(i\omega)=0$ 的充分必要条件为

$$\cos(\omega r^*-\theta)=0, \tag{2.25}$$

且

$$\sin(\omega r^*-\theta)=\frac{\omega}{\rho}. \tag{2.26}$$

由 (2.25), (2.26) 可得

$$\omega r^*-\theta=\frac{\pi}{2}+2n\pi, \qquad n=0,\pm1,\pm2,\cdots, \tag{2.27}$$

且

$$\frac{\omega}{\rho}=1.$$

注意到 $|\theta|<\pi/2$, 可知当 $n=-1,-2,\cdots$ 时, (2.27) 中的 $\omega r^*<0$, 这不符合题意. 由于 $\omega=\rho$, 则

$$r^*=\frac{1}{\rho}\left(\frac{\pi}{2}+2n\pi+\theta\right), \qquad n=0,1,2,\cdots \tag{2.28}$$

成立. 然而, 因为 $r = r^*$ 对应于 $p_+(\lambda) = 0$ 的根首次横截穿过虚轴, 所以 (2.28) 中 $n = 0$. 于是, 当 r 满足

$$0 < r < r^* = \frac{1}{\rho}\left(\frac{\pi}{2} + \theta\right) \tag{2.29}$$

时, $p_+(\lambda) = 0$ 的根不会穿过虚轴的正半部分. 因此, 若条件 (2.23) 成立, 则 $p_+(\lambda) = 0$ 的根不会穿过虚轴的正半部分.

对于情形 (ii), 完全类似的讨论可知, 对应的 (2.28) 应为

$$r^* = \frac{1}{\rho}\left(\frac{\pi}{2} + 2n\pi - \theta\right), \qquad n = 0, 1, 2, \cdots.$$

同样可推得当条件 (2.23) 成立时, $p_+(\lambda) = 0$ 的根不会穿过虚轴的正半部分.

综合以上分析可知, 对于情形 (i) 和情形 (ii), 若条件 (2.23) 成立, 则 $p_+(\lambda) = 0$ 的根不会穿过虚轴. 于是, 得到

$$\text{条件(2.23)} \implies p(\lambda) = 0 \text{ 的所有根}\lambda\text{满足 } \operatorname{Re}\lambda < 0.$$

进而, 由定理 A 可知方程 (2.22) 的零解一致渐近稳定.

必要性 只要证明

$$\rho r \geqslant \frac{\pi}{2} - |\theta| \text{ 或 } \rho r \leqslant 0 \implies \text{方程 (2.22) 的零解不一致渐近稳定}$$

即可.

首先考虑 $\rho r \geqslant \pi/2 - |\theta|$ 的情形. 由充分性的证明可知, 若 $\rho r = \pi/2 - |\theta|$, 则 $p(\lambda) = 0$ 具有形为

$$\lambda = \mathrm{i}\omega \quad \text{或} \quad \lambda = -\mathrm{i}\omega \quad (\omega > 0)$$

的根. 而当 $\lambda = \pm\mathrm{i}\omega$ 时, $\operatorname{Re}\lambda = 0$.

下面讨论当 r 从 $\rho r = \pi/2 - |\theta|$ 开始微小地增加时, $p(\lambda) = 0$ 的根 $\lambda = \pm\mathrm{i}\omega$ 在复平面上的变化. 为此, 考察

$$\operatorname{Re}\left.\frac{\mathrm{d}\lambda}{\mathrm{d}r}\right|_{\lambda=\pm\mathrm{i}\omega}$$

的符号. 由于 $p_+(\lambda) = 0$, 有

$$\lambda + \rho\mathrm{e}^{-\lambda r}\mathrm{e}^{\mathrm{i}\theta} = 0.$$

两端关于 r 微分可得

$$\frac{\mathrm{d}\lambda}{\mathrm{d}r} - \rho r\mathrm{e}^{-\lambda r}\mathrm{e}^{\mathrm{i}\theta}\frac{\mathrm{d}\lambda}{\mathrm{d}r} - \lambda\rho\mathrm{e}^{-\lambda r}\mathrm{e}^{\mathrm{i}\theta} = 0.$$

注意到 $-\rho\mathrm{e}^{-\lambda r}\mathrm{e}^{\mathrm{i}\theta} = \lambda$, 有

$$\frac{\mathrm{d}\lambda}{\mathrm{d}r} + r\lambda\frac{\mathrm{d}\lambda}{\mathrm{d}r} + \lambda^2 = 0.$$

所以，

$$\frac{\mathrm{d}\lambda}{\mathrm{d}r} = -\frac{\lambda^2}{1+\lambda r}. \tag{2.30}$$

进而有

$$\mathrm{Re}\,\frac{\mathrm{d}\lambda}{\mathrm{d}r}\bigg|_{\lambda=\pm i\omega} = \frac{\omega^2}{1+\omega^2 r^2} > 0.$$

这表明当 r 从 $\rho r = \pi/2 - |\theta|$ 开始微小地增加时，虚轴上的根将进入到右半平面.

设当 r 继续增大且在 $r=\tilde{r}$ 时,$p_+(\lambda)=0$ 的根 λ 回到虚轴上. 设此时对应的重虚根为 $\lambda = \mathrm{i}\tilde{\omega}$ $(\tilde{\omega}\neq 0)$. 因而，类似地由 (2.30) 可得

$$\mathrm{Re}\,\frac{\mathrm{d}\lambda}{\mathrm{d}r}\bigg|_{\lambda=\mathrm{i}\tilde{\omega}} = \frac{\tilde{\omega}^2}{1+\tilde{\omega}^2\tilde{r}^2} > 0.$$

这表明当 r 从 $\tilde{r}$ 开始微小地增加时，虚轴上的根仍将进入到右半平面. 于是，得到

$$\rho r \geqslant \frac{\pi}{2} - |\theta| \implies \text{存在 } p(\lambda)=0 \text{ 的根 } \lambda, \text{使得满足 } \mathrm{Re}\,\lambda \geqslant 0.$$

由定理 A 可知方程 (2.22) 的零解不是一致渐近稳定的.

其次，考虑 $\rho r \leqslant 0$ 的情况. 注意到当 $\rho = 0$ 时，$p(\lambda)=0$ 只有根 $\lambda=0$，且 $\mathrm{Re}\,\lambda = 0$. 以下只需要考虑 $\rho<0$ 的情形. 若 $r=0$，则由 $p(\lambda)=0$ 可知

$$\mathrm{Re}\,\lambda = -\rho\cos\theta > 0,$$

即当 $r=0$ 时，方程 (2.22) 的特征方程的根均位于复平面的右半部. 设当 r 从 0 开始微小地增加，在 $r=\hat{r}$ 处特征方程的根与复平面的虚轴相交，对应的重虚根记为 $\lambda=\mathrm{i}\hat{\omega}$ $(\hat{\omega}\neq 0)$. 所以，由 (2.30) 类似可得

$$\mathrm{Re}\,\frac{\mathrm{d}\lambda}{\mathrm{d}r}\bigg|_{\lambda=\mathrm{i}\hat{\omega}} = \frac{\hat{\omega}^2}{1+\hat{\omega}^2\hat{r}^2} > 0.$$

这同样表明当 r 从 $\hat{r}$ 开始微小地增加时，虚轴上的根将再次进入到右半平面. 于是，得到

$$\rho r \leqslant 0 \implies \text{存在 } p(\lambda)=0 \text{ 的根 } \lambda, \text{使得满足 } \mathrm{Re}\,\lambda \geqslant 0.$$

由定理 A 可知方程 (2.22) 的零解不是一致渐近稳定的. 证毕.

矩阵 A 为一般的 2×2 阶实常数矩阵时，对于方程

$$x'(t) = -Ax(t-r) \tag{2.20}$$

零解的一致渐近稳定性，有定理 2.4①.

①参考文献 [32].

定理 2.4 方程 (2.20) 的零解为一致渐近稳定性的充分必要条件是

$$2\sqrt{\det A}\,\sin\left(r\sqrt{\det A}\right) < \mathrm{tr}A < \frac{\pi}{2r} + \frac{2r\det A}{\pi},$$

且

$$0 < r^2\det A < \left(\frac{\pi}{2}\right)^2.$$

定理 2.2 与定理 2.3 中所陈述的方程的轨线如图 2.6—图 2.8 所示.

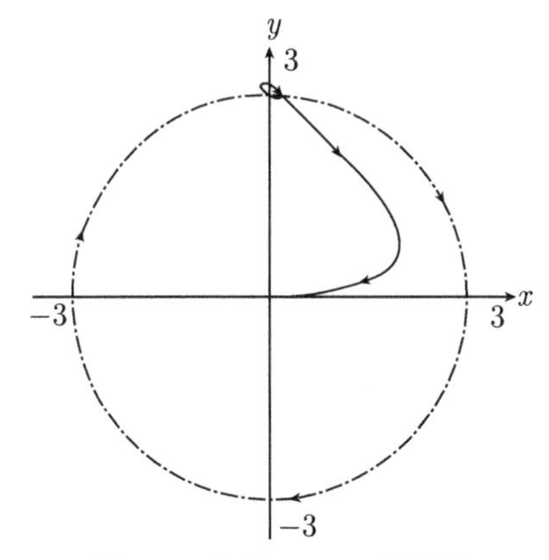

图 2.6 方程 (2.21) 的轨线

$a_1 = a_2 = \frac{1}{\mathrm{e}}, b = -\frac{1}{\mathrm{e}}, r = 1, (t_0, \phi, \psi) = \left(0, \frac{5}{2}\sin 10t, \frac{5}{2}\cos 10t\right)$

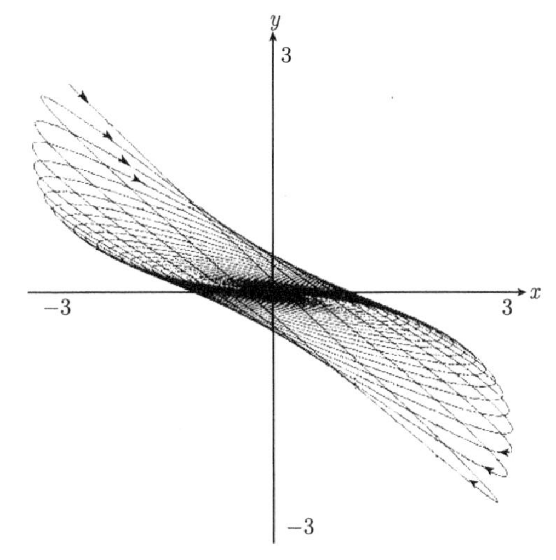

图 2.7 方程 (2.21) 的轨线

$a_1 = a_2 = \frac{3}{2}, b = -\frac{1}{10}, r = 1, (t_0, \phi, \psi) = \left(0, -\frac{5}{2}, \frac{5}{2}\right)$

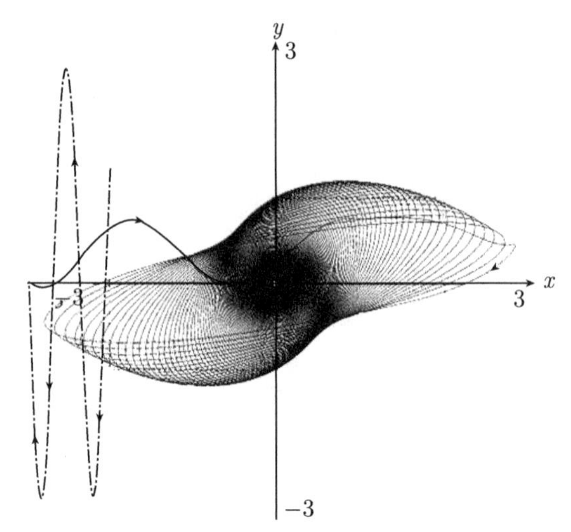

图 2.8　方程 (2.22) 的轨线

$$\rho = \frac{126}{256}\pi, \theta = \frac{\pi}{256}, r = 1, (t_0, \phi, \psi) = \left(0, -t-3, \frac{5}{2}\sin\ 10t\right)$$

2.5　解的振动性

第 1 章中讨论了标量方程

$$x'(t) = -ax(t-r) \tag{2.31}$$

零解的稳定性, 其中 $a \in \mathbf{R}$, $r > 0$. 本节将进一步讨论方程 (2.31) 解的振动性.

定理 2.5　方程 (2.31) 的任意非零解振动的充分必要条件是

$$ar > \frac{1}{\mathrm{e}}. \tag{2.32}$$

定理 2.5 的证明用到定理 B (参考文献 [8] 的 2.1 节).

定理 B　方程 (2.31) 的任意解振动的充分必要条件是方程 (2.31) 的特征方程 $\lambda + a\mathrm{e}^{-\lambda r} = 0$ 无实根①.

定理 2.5 的证明　由定理 B 可知, 只要证明条件 (2.32) 与

$$p(\lambda) \equiv \lambda + a\mathrm{e}^{-\lambda r} = 0 \text{ 无实根} \tag{2.33}$$

等价即可.

① 参考: I. Gyori, G. E. Ladas, Oscillation Theory of Delay Differential Equations: with Applications, Oxford University Press, 1991, 定理 2.1.2.

显然, 由条件 (2.32) 可知, $a>0$. 另一方面, 由条件 (2.33) 同样可知, $a>0$. 这是因为若 $a\leqslant 0$, 则由几何图形可知

$$\lambda=-a\mathrm{e}^{-\lambda r}$$

具有非负的实根. 这与 $p(\lambda)=0$ 不具有实根相矛盾. 下面假设 $a>0$. 经简单的计算可知, 对 $\lambda\in\mathbf{R}$, 有

$$\lim_{\lambda\to+\infty}p(\lambda)=+\infty,\qquad \lim_{\lambda\to-\infty}p(\lambda)=+\infty$$

成立. 由于

$$p'(\lambda)=1-ar\mathrm{e}^{-\lambda r},$$

且 $p'(\lambda)=0$ 时, $\mathrm{e}^{\lambda r}=ar$. 所以, 解得

$$\lambda=\frac{\log ar}{r}.$$

因而, $p(\lambda)$ 在 $\lambda=(\log ar)/r$ 处取得极小值 (最小值). 由

$$\min_{\lambda\in\mathbf{R}}p(\lambda)=p\left(\frac{\log ar}{r}\right)=\frac{\log ar+1}{r}$$

可得

$$\text{条件 (2.33)}\iff\min_{\lambda\in\mathbf{R}}p(\lambda)>0\iff\frac{\log ar+1}{r}>0\iff ar>\frac{1}{\mathrm{e}}.$$

证毕.

练习 2.3 对于方程

$$x'(t)=-Ax(t-r)\qquad(r>0),$$

当矩阵 A 为

$$\text{(I)}\quad A=\begin{pmatrix}a_1&b\\0&a_2\end{pmatrix},\quad\text{(II)}\quad A=\rho\begin{pmatrix}\cos\theta&-\sin\theta\\\sin\theta&\cos\theta\end{pmatrix}$$

时, 试给出其任意解的每个分量振动的充分必要条件①, 其中 $a_1, a_2, b, \rho\in\mathbf{R}$, $|\theta|<\pi/2$.

(答: (I) $a_1r>\frac{1}{\mathrm{e}}$, $a_2r>\frac{1}{\mathrm{e}}$; (II) $\theta\neq 0$ 或者 $\rho r>\frac{1}{\mathrm{e}}$)

① 对于方程组的情形, 有与定理 B 完全类似的结论, 可参考: I. Gyori,G. E. Ladas, Oscillation Theory of Delay Differential Equations: with Applications, Oxford University Press, 1991, 定理 5.1.1.

2.6　渐近稳定性 (积分微分方程的情形)

本节将考虑 1.4 节讨论过的方程

$$x'(t) = -a\int_{t-r}^{t} x(s)\mathrm{d}s, \tag{2.34}$$

这里 $a \in \mathbf{R}$, $r > 0$.

方程 (2.34) 的特征方程为

$$\lambda + a\int_{-r}^{0} \mathrm{e}^{\lambda s}\mathrm{d}s = 0. \tag{2.35}$$

关于方程 (2.34) 零解的渐近稳定性的定义, 完全类于 2.2 节中的定义 2.1. 类似于 2.2 节中定理 A, 有以下结论 (参考附录一).

定理 C　方程 (2.34) 的零解一致渐近稳定的充分必要条件为特征方程 (2.35) 的所有根 λ 均分布在复平面的左半部.

利用以上的定理 C, 可以证得如下定理 2.6.

定理 2.6　方程 (2.34) 的零解一致渐近稳定的充分必要条件为

$$0 < a < \frac{1}{2}\left(\frac{\pi}{r}\right)^2. \tag{2.36}$$

证明　首先, 容易知道特征方程 (2.35) 的根 λ 满足

$$a = 0 \iff \lambda = 0.$$

所以, 由定理 C 可知, 当 $a = 0$ 时, 方程 (2.34) 的零解不是一致渐近稳定的.

当 $a \neq 0$ 时, 由于 $\lambda \neq 0$, (2.35) 与

$$p(\lambda) \equiv \lambda^2 + a(1 - \mathrm{e}^{-\lambda r}) = 0 \tag{2.37}$$

等价. 若 $a < 0$, 则 (2.37) 至少有 1 个正实根. 事实上, 对 $\lambda \in \mathbf{R}$, 有

$$\lim_{\lambda\to 0+} p(\lambda) = 0, \qquad \lim_{\lambda\to +\infty} p(\lambda) = +\infty.$$

又注意到 $p'(\lambda) = 2\lambda + ar\mathrm{e}^{-\lambda r}$, 则有

$$\lim_{\lambda\to 0+} p'(\lambda) = ar < 0.$$

由中值定理可知, $p(\lambda) = 0$ 具有正实根 λ, 故由定理 C 可知, 当 $a < 0$ 时, 方程 (2.34) 的零解不是一致渐近稳定的.

以下设 $a > 0$. 由定理 C 可知, 只要证明

$$(2.36) \iff \text{对于 } p(\lambda)=0 \text{ 的所有根 } \lambda, \text{均有 } \mathrm{Re}\,\lambda<0$$

即可.

充分性 若 $a=0$, 由前面的分析可知, 特征根只有 $\lambda=0$, 即方程 (2.34) 的零解不是一致渐近稳定的.

现在讨论当 a 从 0 开始微小地增加时, 根 $\lambda=0$ 在复平面上的变化. 为此, 同样考虑

$$\mathrm{Re}\left.\frac{\mathrm{d}\lambda}{\mathrm{d}a}\right|_{\lambda=0,a=0}$$

的符号. (2.35) 的两端关于 a 微分可得

$$\frac{\mathrm{d}\lambda}{\mathrm{d}a}+\int_{-r}^{0}\mathrm{e}^{\lambda s}\mathrm{d}s+a\frac{\mathrm{d}}{\mathrm{d}\lambda}\left(\int_{-r}^{0}\mathrm{e}^{\lambda s}\mathrm{d}s\right)\frac{\mathrm{d}\lambda}{\mathrm{d}a}=0.$$

注意到

$$\frac{\mathrm{d}}{\mathrm{d}\lambda}\left(\int_{-r}^{0}\mathrm{e}^{\lambda s}\mathrm{d}s\right)=\int_{-r}^{0}\frac{\partial}{\partial\lambda}\mathrm{e}^{\lambda s}\mathrm{d}s=\int_{-r}^{0}s\mathrm{e}^{\lambda s}\mathrm{d}s,$$

所以, 有

$$\frac{\mathrm{d}\lambda}{\mathrm{d}a}=-\frac{\displaystyle\int_{-r}^{0}\mathrm{e}^{\lambda s}\mathrm{d}s}{1+a\displaystyle\int_{-r}^{0}s\mathrm{e}^{\lambda s}\mathrm{d}s}.$$

进而, 有

$$\mathrm{Re}\left.\frac{\mathrm{d}\lambda}{\mathrm{d}a}\right|_{\lambda=0,a=0}=\mathrm{Re}\left(-\frac{r}{1+0\times(-\frac{r^2}{2})}\right)=-r<0.$$

这表明当 a 从 0 开始微小地增加时, 根 $\lambda=0$ 将进入到左半平面. 因而, 对充分小的正数 a, (2.35) 的所有根满足 $\mathrm{Re}\,\lambda<0$, 即方程 (2.34) 的零解一致渐近稳定.

设当 a 进一步增加时, 方程 (2.34) 的零解变为不是一致渐近稳定的. 这时由定理 C 可知, 对于使得方程 (2.34) 的零解为不一致渐近稳定的最小的 $a=a^*>0$, $p(\lambda)=0$ 有根横截穿过虚轴. 所以, 当 $a=a^*$ 时, 存在 $\omega>0$ 使得以下之一成立:

(i) $p(\mathrm{i}\omega)=0$;

(ii) $p(-\mathrm{i}\omega)=0$.

由 (2.37) 可知, $p(\mathrm{i}\omega)=0$ 与 $p(-\mathrm{i}\omega)=0$ 是等价的, 所以, 只要考虑情形 (i) 即可. 由于

$$p(\mathrm{i}\omega)=-\omega^2+a^*(1-\mathrm{e}^{-\mathrm{i}\omega r})=-\omega^2+a^*(1-\cos(\omega r))+\mathrm{i}a^*\sin(\omega r),$$

$p(\mathrm{i}\omega)=0$ 成立的充分必要条件为

$$a^*(1-\cos(\omega r))=\omega^2, \tag{2.38}$$

$$a^*\sin(\omega r)=0. \tag{2.39}$$

因为 $a^*>0, \omega r>0$, 所以由 (2.39) 可得

$$\omega r=n\pi, \qquad n=1,2,\cdots.$$

注意到 (2.38), 必有 $n=2m-1\ (m=1,2,\cdots)$, 且

$$a^*=\frac{1}{2}\omega^2=\frac{1}{2}\left\{\frac{(2m-1)\pi}{r}\right\}^2, \qquad m=1,2,\cdots. \tag{2.40}$$

由于 $a=a^*$ 是使得 $p(\lambda)=0$ 有重虚根 $\lambda=\mathrm{i}\omega$ 横截穿过虚轴所对应 a 的最小值, 所以, (2.40) 中 $m=1$. 于是, 当

$$0<a<a^*=\frac{1}{2}\left(\frac{\pi}{r}\right)^2,$$

即条件 (2.36) 成立时, $p(\lambda)=0$ 的所有根 λ 均不会穿过虚轴, 即 $\mathrm{Re}\,\lambda<0$. 由定理 C 可知, 方程 (2.34) 的零解一致渐近稳定.

必要性 只要证明

$$a\geqslant\frac{\pi^2}{2r^2}\implies \text{方程(2.34)的零解不一致渐近稳定}$$

即可.

首先, 由充分性的证明可知, 当 $a=\pi^2/(2r^2)$ 时, $p(\lambda)=0$ 有重虚根 $\lambda=\pm\mathrm{i}\omega\ (\omega>0)$. 此外, 注意到当 $a>0$ 时, 若 $p(\lambda)=0$ 有根 $\lambda=\pm\mathrm{i}\omega\ (\omega>0)$, 则类似于 (2.40) 的推导, 有

$$a=\frac{1}{2}\omega^2 \tag{2.41}$$

成立.

下面讨论当 a 从 $\pi^2/(2r^2)$ 开始微小地增加时, $p(\lambda)=0$ 的根 $\lambda=\pm\mathrm{i}\omega$ 在复平面上的变化. 为此考虑

$$\mathrm{Re}\left.\frac{\mathrm{d}\lambda}{\mathrm{d}a}\right|_{\lambda=\pm\mathrm{i}\omega}$$

的符号. 对 $p(\lambda)=0$ 的两端关于 a 微分可得

$$2\lambda\frac{\mathrm{d}\lambda}{\mathrm{d}a}+1-\mathrm{e}^{-\lambda r}+ar\mathrm{e}^{-\lambda r}\frac{\mathrm{d}\lambda}{\mathrm{d}a}=0.$$

注意到 $\lambda^2+a=a\mathrm{e}^{-\lambda r}$, 则有

$$2\lambda\frac{\mathrm{d}\lambda}{\mathrm{d}a}-\frac{\lambda^2}{\mathrm{a}}+(\lambda^2+a)r\frac{\mathrm{d}\lambda}{\mathrm{d}a}=0.$$

进而, 有

$$\frac{\mathrm{d}\lambda}{\mathrm{d}a}=\frac{\lambda^2}{a(\lambda^2r+2\lambda+ar)}. \tag{2.42}$$

于是, 由 (2.41), 有

$$\operatorname{Re}\frac{\mathrm{d}\lambda}{\mathrm{d}a}\bigg|_{\lambda=\pm\mathrm{i}\omega}=\frac{\omega^2(\omega^2-a)r}{a\{(\omega^2-a)^2r^2+4\omega^2\}}=\frac{4r}{\omega^2r^2+16}>0.$$

这表明当 a 从 $\pi^2/(2r^2)$ 开始微小地增加时, 虚轴上的特征根将进入到右半平面.

设 a 继续增大时, 在 $a=\tilde{a}$ 处对应的特征根 λ 回到虚轴上, 即 $p(\lambda)=0$ 有重虚根 $\lambda=\mathrm{i}\tilde{\omega}$ $(\tilde{\omega}\neq0)$. 由 (2.41), (2.42) 类似推得

$$\operatorname{Re}\frac{\mathrm{d}\lambda}{\mathrm{d}a}\bigg|_{\lambda=\mathrm{i}\tilde{\omega}}=\frac{4r}{\tilde{\omega}^2r^2+16}>0.$$

所以, 当 a 从 $\tilde{a}$ 开始微小地增加时, 虚轴上的根 $\lambda=\mathrm{i}\tilde{\omega}$ 将进入到右半平面. 因而, 有

$$a\geqslant\frac{\pi^2}{2r^2}\implies \text{存在}p(\lambda)=0\text{的根}\lambda,\text{使得满足}\operatorname{Re}\lambda\geqslant0.$$

同样由定理 C 可知, 方程 (2.34) 的零解不是一致渐近稳定的. 证毕.

注 2.5 当 A 为 $n\times n$ 阶实常数矩阵时, 方程

$$x'(t)=-A\int_{t-r}^{t}x(s)\mathrm{d}s \qquad (r>0) \tag{2.43}$$

的特征方程为

$$\det\left(\lambda I+A\int_{-r}^{0}\mathrm{e}^{\lambda s}\mathrm{d}s\right)=0.$$

此时, 定理 C 对于方程 (2.43) 仍成立.

练习 2.4 当矩阵 A 为

$$\text{(I)}\quad A=\begin{pmatrix}a_1 & b\\ 0 & a_2\end{pmatrix},\qquad \text{(II)}\quad A=\rho\begin{pmatrix}\cos\theta & -\sin\theta\\ \sin\theta & \cos\theta\end{pmatrix}$$

时, 试给出方程 (2.43) 的零解为一致渐近稳定的充分必要条件[1], 这里 a_1, a_2, b, $\rho\in\mathbf{R}$, $|\theta|<\pi/2$.

$$\left(\text{答: (I) } 0<a_1<\frac{\pi^2}{2r^2},\ 0<a_2<\frac{\pi^2}{2r^2};\quad \text{(II) } 0<\rho<\frac{2(\pi/2-|\theta|)^2}{r^2\sin(\pi/2-|\theta|)}\right)$$

① 参见文献 [33].

第 3 章 Liapunov-Razumikhin 方法的简单介绍

本章将简要地介绍在常微分方程稳定性研究中起着重要作用的 Liapunov 第二方法在时滞微分方程稳定性研究中的重要应用.

3.1 常微分方程稳定性理论中的 Liapunov 第二方法

考虑如下的常微分方程

$$\frac{\mathrm{d}x}{\mathrm{d}t}=f(t,x), \tag{3.1}$$

其中 Ω 是 n 维 Euclid 空间 $\mathbf{R}^n$ 中包含原点的区域, f 是从区域 $D=\{(t,x)\colon 0\leqslant t<+\infty, x\in\Omega\}$ 到 $\mathbf{R}^n$ 的连续函数. 设方程 (3.1) 具有零解, 即 $f(t,0)\equiv 0$. 现在简要回顾判定上述方程 (3.1) 零解局部稳定性的 Liapunov 第二方法.

从几何直观角度考虑, 为了判定零解的稳定性, 只要研究当 t 增加时, 轨道不远离原点即可.

设 ρ 是轨道上的点 $x(t)$ 到原点的距离, 即 $\rho=\sqrt{\sum_{k=1}^n x_k^2(t)}$. 所以, 有

$$\frac{\mathrm{d}\rho}{\mathrm{d}t}=\sum_{k=1}^n\frac{\partial\rho}{\partial x_k}\frac{\mathrm{d}x_k}{\mathrm{d}t}=\sum_{k=1}^n\frac{\partial\rho}{\partial x_k}f_k. \tag{3.2}$$

这里 x_k 与 f_k 分别表示 $x\in\mathbf{R}^n$ 与 $f\in\mathbf{R}^n$ 的第 k 个分量. 如果方程 (3.2) 的右端是非正的, 则 $\dfrac{\mathrm{d}\rho}{\mathrm{d}t}\leqslant 0$. 这表明解的轨道上的点当 t 增加时, 不会远离原点, 零解是稳定的.

显然, 对 ρ 直接微分比较复杂. 为此, 令 $v=\rho^2=\sum_{k=1}^n x_k^2(t)$. 只要讨论 $\dfrac{\mathrm{d}v}{\mathrm{d}t}$ 的符号即可得到 v 和 ρ 的增减性.

例 3.1 考虑二维非线性微分方程

$$\begin{cases}\dfrac{\mathrm{d}x}{\mathrm{d}t}=y-x^5,\\[2mm] \dfrac{\mathrm{d}y}{\mathrm{d}t}=-x-y^3.\end{cases}$$

令 $v=x^2+y^2$, 则函数 v 沿着解的导数满足

$$
\begin{aligned}
\frac{\mathrm{d}v}{\mathrm{d}t} &= 2x\frac{\mathrm{d}x}{\mathrm{d}t} + 2y\frac{\mathrm{d}y}{\mathrm{d}t} \\
&= 2x(y - x^5) + 2y(-x - y^3) \\
&= -2(x^6 + y^4) \leqslant 0.
\end{aligned}
$$

显然, 当 t 增加时, 解的轨线不会远离原点. 所以, 零解是稳定的, 如图 3.1 所示 (其实此零解为渐近稳定的).

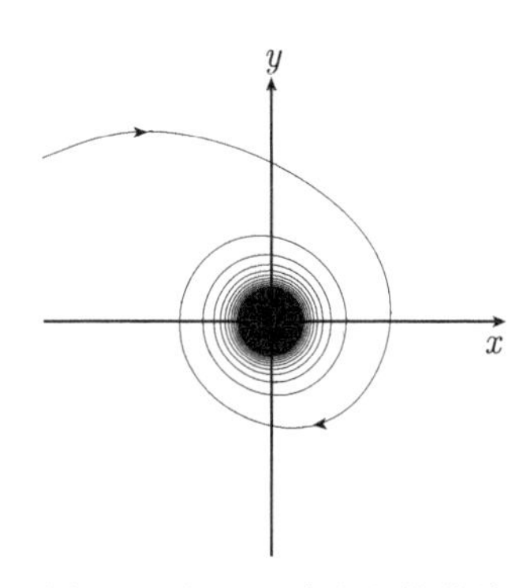

图 3.1 例 3.1 中方程的轨线

例 3.2 考虑二维非线性微分方程

$$
\begin{cases}
\dfrac{\mathrm{d}x}{\mathrm{d}t} = 3y - x^5, \\
\dfrac{\mathrm{d}y}{\mathrm{d}t} = -x - y^3.
\end{cases}
$$

令 $v = x^2 + y^2$, 则函数 v 沿着解的导数满足

$$
\begin{aligned}
\frac{\mathrm{d}v}{\mathrm{d}t} &= 2x(3y - x^5) + 2y(-x - y^3) \\
&= 2(2xy - x^6 - y^4).
\end{aligned}
$$

显然, $\dfrac{\mathrm{d}v}{\mathrm{d}t}$ 的符号不能确定. 但是, 若选取 $v = x^2 + 3y^2$, 则

$$
\frac{\mathrm{d}v}{\mathrm{d}t} = -2(x^6 + 3y^4) \leqslant 0.
$$

所以, 零解是稳定的如图 3.2 所示 (其实此零解为渐近稳定的).

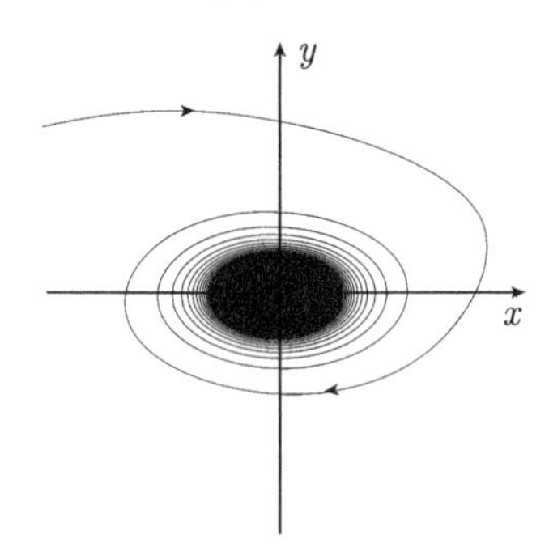

图 3.2 例 3.2 中方程的轨线

例 3.3 考虑二维非线性微分方程

$$
\begin{cases}
\dfrac{\mathrm{d}x}{\mathrm{d}t} = y^5, \\
\dfrac{\mathrm{d}y}{\mathrm{d}t} = -x^3.
\end{cases}
$$

令 $v = 3x^4 + 2y^6$, 则函数 v 沿着解的导数满足

$$
\frac{\mathrm{d}v}{\mathrm{d}t} = 12x^3(y^5) + 12y^5(-x^3) = 0.
$$

所以, 零解是稳定的, 如图 3.3 所示.

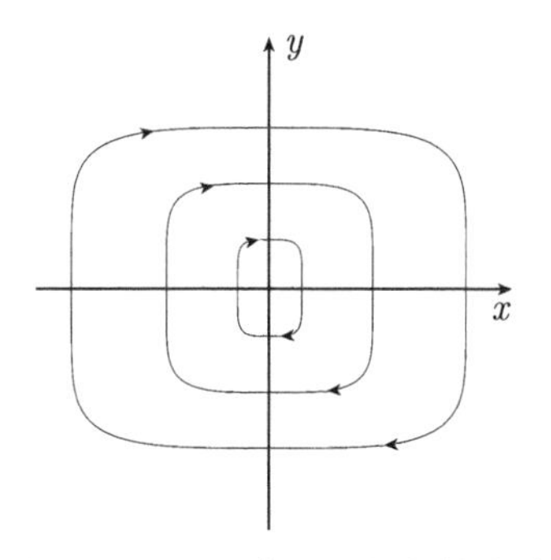

图 3.3 例 3.3 中方程的解的轨线

此外, 由于 $\dfrac{\mathrm{d}v}{\mathrm{d}t}=0$, 所以, $v(t)=$ 常数, 且解位于曲线 $3x^4(t)+2y^6(t)=$ 常数 上. 设 $(x(t),y(t))$ 是以 t_0 为初始时刻, 过点 (x_0,y_0) 的解. 于是,

$$3x^4(t)+2y^6(t)=3{x_0}^4+2{y_0}^6.$$

例 3.1～ 例 3.3 中出现的 $v=x^2+y^2$, $v=x^2+3y^2$ 以及 $v=3x^4+2y^6$ 均表示到原点的某种距离函数. 这样的函数被称为 **Liapunov 函数**. 由图 3.1～ 图 3.3 可知, 恰当的 Liapunov 函数实际上蕴涵着轨线的形态. 在相平面上,
例 3.1 中的 Liapunov 函数表示圆, 例 3.2 中的 Liapunov 函数则表示椭圆, 对应的轨线呈圆形或椭圆形盘绕.

需要指出的是在例 3.1～ 例 3.3 中, 判定 $\dfrac{\mathrm{d}v}{\mathrm{d}t}$ 的符号时, 只用到了微分方程右端的函数, 而并未利用微分方程解的信息. **Liapunov 方法** 的特点正是不需要求解微分方程 (3.1), 而利用 Liapunov 函数与微分方程 (3.1) 右端的函数 $f(t,x)$ 来判定方程 (3.1) 零解的稳定性. 以下介绍 Liapunov 方法中两个主要定理.

设 $V(t,x)$ 是定义于区域 D 上的实值连续函数, 且 $V(t,x)$ 具有连续的偏导数. 对于方程 (3.1), 定义函数 $\dot V_{(3.1)}(t,x)$ 为

$$\dot V_{(3.1)}(t,x)=\frac{\partial V}{\partial t}+\frac{\partial V}{\partial x}\cdot f(t,x),$$

这里 $\dfrac{\partial V}{\partial x}\cdot f(t,x)$ 表示行向量 $\left(\dfrac{\partial V}{\partial x_1},\cdots,\dfrac{\partial V}{\partial x_n}\right)$ 与列向量 $f=(f_1,\cdots,f_n)^{\mathrm{T}}$ 的内积. 若 $x(t)$ 是方程 (3.1) 的解, 则有

$$\begin{aligned}\frac{\mathrm{d}}{\mathrm{d}t}V(t,x(t))=&\frac{\partial V}{\partial t}(t,x(t))+\frac{\partial V}{\partial x_1}(t,x(t))\frac{\mathrm{d}x_1(t)}{\mathrm{d}t}\\&+\cdots+\frac{\partial V}{\partial x_n}(t,x(t))\frac{\mathrm{d}x_n(t)}{\mathrm{d}t}\\=&\frac{\partial V}{\partial t}(t,x(t))+\frac{\partial V}{\partial x_1}(t,x(t))f_1(t,x(t))\\&+\cdots+\frac{\partial V}{\partial x_n}(t,x(t))f_n(t,x(t)).\end{aligned}$$

所以,

$$\dot V_{(3.1)}(t,x(t))=\frac{\mathrm{d}}{\mathrm{d}t}V(t,x(t)).\tag{3.3}$$

于是, 函数 $\dot V_{(3.1)}(t,x)$ 又称为 $V(t,x)$ 沿方程 (3.1) 解的导数. Liapunov 方法中, 利用这样的函数 $V(t,x)$ (称为 **Liapunov 函数**), 可以得到判定方程 (3.1) 零解的稳定性的各种判定条件. 这里介绍两个最基本的定理.

以下定理中用到的**正定函数** $W(x)$ 是指满足

$$W(0)=0 \quad 且 \quad W(x)>0 \quad (x \neq 0) \tag{3.4}$$

的函数.

定理 3.1 对于方程 (3.1), 若存在定义于 D 上的 Liapunov 函数 $V(t,x)$ 以及定义于 Ω 上的连续正定函数 $w_i(x)$ $(i=1,2)$, 使得满足如下性质:

(i) $w_1(x) \leqslant V(t,x) \leqslant w_2(x)$;

(ii) $\dot{V}_{(3.1)}(t,x) \leqslant 0$,

则方程 (3.1) 的零解是一致稳定的.

证明 对于满足 $\{\xi \in \mathbf{R}^n : |\xi| \leqslant \varepsilon\} \subset \Omega$ 的任意正数 ε, 只要证明存在与初始值 $(t_0,x_0) \in D$ 无关的正数 $\delta=\delta(\varepsilon)$, 使得

$$|x_0|<\delta(\varepsilon) \Longrightarrow |x(t_0,x_0)(t)|<\varepsilon \quad (t \geqslant t_0) \tag{3.5}$$

成立即可, 其中 $x(t_0,x_0)(t)$ 表示以 (t_0,x_0) 为初始值的方程 (3.1) 的解.

首先, 由 $w_1(x)$, $w_2(x)$ 的正定性可知

$$\exists \delta>0, \quad w_2(x)<\min_{|\xi|=\varepsilon} w_1(\xi) \quad (|x|<\delta). \tag{3.6}$$

下面考虑初始值满足 $|x_0|<\delta$ 的解 $x(t)=x(t_0,x_0)(t)$. 由定理的条件 (ii) 可知, $V(t,x(t))$ 是关于 t 的递减函数. 进而, 由条件 (i) 可知对 $t \geqslant t_0$, 有

$$w_1(x(t)) \leqslant V(t,x(t)) \leqslant V(t_0,x(t_0)) \leqslant w_2(x(t_0)),$$

即

$$w_1(x(t)) \leqslant w_2(x_0). \tag{3.7}$$

另一方面, 注意到初始值的取法以及式 (3.6), 有

$$w_2(x_0)<\min_{|\xi|=\varepsilon} w_1(\xi).$$

所以, 由 (3.7) 可得 $|x(t)|<\varepsilon$ $(t \geqslant t_0)$. 因而, (3.5) 成立. 证毕.

例 3.4 考虑二维非线性微分方程

$$\begin{cases} \dfrac{\mathrm{d}x}{\mathrm{d}t}=a(t)y^5, \\ \dfrac{\mathrm{d}y}{\mathrm{d}t}=-b(t)x^3, \end{cases} \tag{3.8}$$

这里 $a(t)$, $b(t)$ 是可微函数, 且对于 $t \geqslant 0$ 满足条件

$$0 < {}^{\exists}a_0 \leqslant a(t) \leqslant {}^{\exists}A, \ \ a'(t) \leqslant 0,$$

$$0 < {}^{\exists}b_0 \leqslant b(t) \leqslant {}^{\exists}B, \ \ b'(t) \leqslant 0.$$

选取 $V(t,x,y) = 3b(t)x^4 + 2a(t)y^6$, 有

$$3b_0x^4 + 2a_0y^6 \leqslant V(t,x,y) \leqslant 3Bx^4 + 2Ay^6,$$

$$\begin{aligned}\dot{V}_{(3.8)}(t,x,y) &= 12b(t)x^3(a(t)y^5) + 12a(t)y^5(-b(t)x^3) + 3b'(t)x^4 + 2a'(t)y^6 \\ &= 3b'(t)x^4 + 2a'(t)y^6 \leqslant 0.\end{aligned}$$

因此, 由定理 3.1 可知方程 (3.8) 的零解是一致稳定的.

定理 3.2　对于方程 (3.1), 若存在定义在 D 上的 Liapunov 函数 $V(t,x)$ 以及定义在 Ω 上的连续正定函数 $w_i(x)$ $(i=1,2,3)$, 使得满足以下性质:

(i) $w_1(x) \leqslant V(t,x) \leqslant w_2(x)$,

(ii) $\dot{V}_{(3.1)}(t,x) \leqslant -w_3(x)$,

则方程 (3.1) 的零解是一致渐近稳定的.

证明　由于定理 3.1 的条件成立, 所以, 方程 (3.1) 的零解是一致稳定的, 即定理 3.1 证明中的 (3.5) 成立. 选取正数 H 使得满足 $\{x\colon |x| \leqslant H\} \subset \Omega$. 对上述 H, 令 $\delta_0 = \delta(H)$, 当 $t \geqslant t_0$, $|x_0| < \delta_0$ 时, 有 $|x(t_0,x_0)(t)| < H$.

下面考虑初始值满足 $|x_0| < \delta_0$ 的解 $x(t) = x(t_0,x_0)(t)$.

对于任意的正数 $\varepsilon < H$, 满足 (3.5) 的 $\delta(\varepsilon)$ 设为 δ. 令 $B_0 = \max\{w_2(x)\colon |x| \leqslant \delta_0\}$, $L(\varepsilon) = \min\{w_3(x)\colon \delta \leqslant |x| \leqslant H\}$, $B(\varepsilon) = \min\{w_1(x)\colon \delta \leqslant |x| \leqslant H\}$. 选取 $T(\varepsilon) = (B_0 - B(\varepsilon)/2)/L(\varepsilon)$. 显然, $T = T(\varepsilon)$ 只依赖于 ε, 且与 $(t_0,x_0) \in D$ 无关. 对于上述的 T, 若有

$$^{\exists}t_1 \in [t_0, t_0+T]; \quad |x(t_1)| < \delta \tag{3.9}$$

成立, 则由一致稳定性可知, 当 $t \geqslant t_0 + T$ 时, 有 $|x(t)| < \varepsilon$ 成立, 即表明零解是一致吸引的.

若 (3.9) 不成立, 即对所有的 $t \in [t_0, t_0+T]$, 有 $|x(t)| \geqslant \delta$ 成立. 由定理的条件 (ii) 可知, 当 $t = t_0 + T$ 时, 有

$$V(t,x(t)) \leqslant V(t_0,x(t_0)) - \int_{t_0}^{t} w_3(x(s))\mathrm{d}s \leqslant V(t_0,x_0) - L(\varepsilon)T.$$

另一方面, 注意到 $V(t_0,x_0) \leqslant B_0$ 以及 $w_1(x(t)) \leqslant V(t,x(t))$, 进而可得 $w_1(x(t)) \leqslant B_0 - L(\varepsilon)T = B(\varepsilon)/2 < B(\varepsilon)$. 所以, 有 $|x(t)| < \delta$, 这是一个矛盾. 于是, (3.9) 成立. 因而, 方程 (3.1) 的零解是一致渐近稳定的. 证毕.

例 3.5 考虑二维非线性微分方程

$$\begin{cases} \dfrac{\mathrm{d}x}{\mathrm{d}t} = -a(t)x^5 + 6b(t)y^3, \\ \dfrac{\mathrm{d}y}{\mathrm{d}t} = -b(t)x - a(t)y^3, \end{cases} \tag{3.10}$$

其中 $a(t)$, $b(t)$ 是连续函数, 且对于 $t \geqslant 0$ 满足 $a(t) \geqslant {}^{\exists}a_0 > 0$.

选取 $V(x,y) = x^2 + 3y^4$, 有

$$\begin{aligned} \dot{V}_{(3.10)}(x,y) &= 2x(-a(t)x^5 + 6b(t)y^3) + 12y^3(-b(t)x - a(t)y^3) \\ &= -2a(t)(x^6 + 6y^6) \\ &\leqslant -2a_0(x^6 + 6y^6). \end{aligned}$$

由定理 3.2 可知, 方程 (3.10) 的零解是一致渐近稳定的.

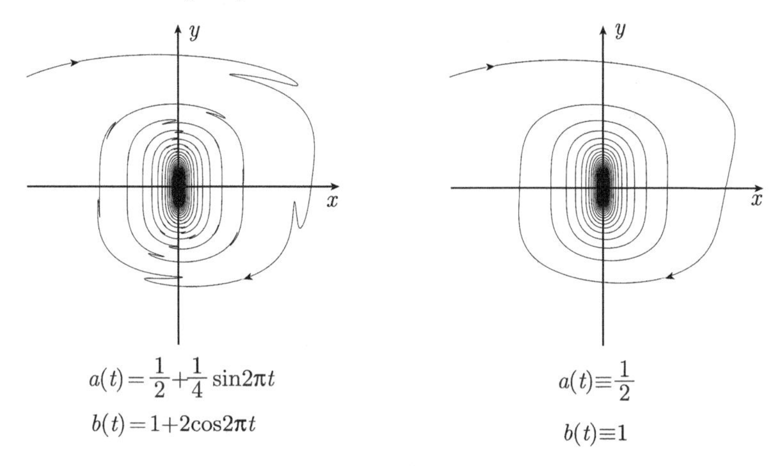

图 3.4 例 3.5 中方程的轨线

例 3.6 考虑二维线性微分方程

$$\frac{\mathrm{d}x}{\mathrm{d}t} = Ax, \tag{3.11}$$

其中 A 是 2×2 阶非奇异实常数矩阵.

熟知, 方程 (3.11) 的零解为一致渐近稳定的充分必要条件是矩阵 A 的所有特征值均具有负实部. 下面对于方程 (3.11), 讨论满足定理 3.2 中条件的 Liapunov 函数的构造问题.

对于矩阵 A, 存在非奇异矩阵 P, 使得 $P^{-1}AP$ 具有如下形式之一:

(I) 若矩阵 A 具有不同的实特征值 λ, μ $(\lambda > \mu)$, 则

$$P^{-1}AP = \begin{pmatrix} \lambda & 0 \\ 0 & \mu \end{pmatrix}.$$

(II) 若矩阵 A 具有二重实特征值 λ, 则

$$P^{-1}AP=\begin{pmatrix}\lambda & c\\ 0 & \lambda\end{pmatrix},\quad c=0,\ 1.$$

(III) 若矩阵 A 具有复特征值 $\alpha\pm\mathrm{i}\beta$, 则

$$P^{-1}AP=\begin{pmatrix}\alpha & -\beta\\ \beta & \alpha\end{pmatrix}.$$

首先, 考虑情形 (I). 令 $V(t,x)=|P^{-1}x|^2=(P^{-1}x)^{\mathrm{T}}(P^{-1}x)$. 这时, 易知定理 3.2 的条件 (i) 成立, 且有

$$\begin{aligned}\dot V_{(3.11)}(t,x)&=\left(P^{-1}Ax\right)^{\mathrm{T}}P^{-1}x+\left(P^{-1}x\right)^{\mathrm{T}}P^{-1}Ax\\&=\left(P^{-1}APP^{-1}x\right)^{\mathrm{T}}P^{-1}x+\left(P^{-1}x\right)^{\mathrm{T}}P^{-1}APP^{-1}x\\&=\left(P^{-1}x\right)^{\mathrm{T}}\left\{\left(P^{-1}AP\right)^{\mathrm{T}}+P^{-1}AP\right\}P^{-1}x\\&=\left(P^{-1}x\right)^{\mathrm{T}}\begin{pmatrix}2\lambda & 0\\ 0 & 2\mu\end{pmatrix}P^{-1}x\\&\leqslant 2\lambda|P^{-1}x|^2.\end{aligned}$$

所以, 当 $\lambda<0$, 即矩阵 A 的特征值 λ, μ 均为负时, 定理 3.2 的条件 (ii) 也成立.

其次, 考虑情形 (II). 若 $c=0$, 则其讨论完全类似于情形 (I). 若 $c=1$, 由矩阵 A 的非奇异性可知, 其特征值不为零. 令

$$B=P^{-1}AP=\begin{pmatrix}\lambda & 1\\ 0 & \lambda\end{pmatrix},\quad Q=\begin{pmatrix}-\dfrac{1}{2\lambda} & \dfrac{1}{4\lambda^2}\\ \dfrac{1}{4\lambda^2} & -\dfrac{1}{2\lambda}-\dfrac{1}{4\lambda^3}\end{pmatrix},$$

则有 $B^{\mathrm{T}}Q+QB=-I$ 成立, 其中 I 是 2×2 阶单位矩阵.

选取 $V(t,x)=(P^{-1}x)^{\mathrm{T}}Q(P^{-1}x)$, 则当 $\lambda<0$ 时, Q 为正定矩阵, 即定理 3.2 的条件 (i) 成立. 此外, 又有

$$\begin{aligned}\dot V_{(3.11)}(t,x)&=\left(P^{-1}Ax\right)^{\mathrm{T}}QP^{-1}x+\left(P^{-1}x\right)^{\mathrm{T}}QP^{-1}Ax\\&=\left(BP^{-1}x\right)^{\mathrm{T}}QP^{-1}x+\left(P^{-1}x\right)^{\mathrm{T}}QBP^{-1}x\\&=\left(P^{-1}x\right)^{\mathrm{T}}\left(B^{\mathrm{T}}Q+QB\right)P^{-1}x\\&=-|P^{-1}x|^2.\end{aligned}$$

所以, 定理 3.2 的条件 (ii) 也成立.

最后, 考虑情形 (III). 类似于情形 (I) 的讨论, 选取 $V(t,x)=|P^{-1}x|^2$, 则有

$$\dot{V}_{(3.11)}(t,x)=\left(P^{-1}x\right)^{\mathrm{T}}\begin{pmatrix}2\alpha & 0\\ 0 & 2\alpha\end{pmatrix}P^{-1}x=2\alpha|P^{-1}x|^2.$$

于是, 当 $\alpha<0$, 即矩阵 A 的特征值具有负实部时, 定理 3.2 的条件成立.

练习 3.1 通过构造适当的 Liapunov 函数, 讨论如下非线性微分方程零解的稳定性:

(i) $\begin{cases} x'=-x+y^5,\\ y'=-x^3-y^3.\end{cases}$

(ii) $\begin{cases} x'=-ax+by^5,\\ y'=-cx^3-dy^3\end{cases}\quad (a,\ b,\ c,\ d>0).$

(iii) $\begin{cases} x'=-ax^{2k-1}+by^{2\ell-1},\\ y'=-cx^{2m-1}-dy^{2n-1}\end{cases}\quad \begin{pmatrix} a,\ d\geqslant 0,\ \ b,\ c>0\\ k,\ \ell,\ m,\ n\in\mathbf{N}\end{pmatrix}.$

练习 3.2 在区域 $\Omega=\{(x,y):x+k_1>0,\ y+k_2>0\}$ 上, 考虑微分方程

$$\begin{cases} x'=(x+k_1)(ax-by),\\ y'=(y+k_2)(bx+ay),\end{cases}$$

其中 $k_1>0,\ k_2>0,\ a,\ b\in\mathbf{R}$. 采用如下的 Liapunov 函数:

$$V(x,y)=x-k_1\log\frac{x+k_1}{k_1}+y-k_2\log\frac{y+k_2}{k_2},$$

试给出上述方程零解是一致渐近稳定的充分条件.

(答: $a<0$)

3.2 Liapunov 方法在时滞微分方程中的应用

考虑如下的时滞微分方程

$$x'(t)=-ax(t)+bx(t-r), \tag{3.12}$$

其中 $a,\ b\in\mathbf{R},\ r>0$. 本节中, 考察 Liapunov 方法对上述时滞微分方程的应用. 方程 (3.12) 的解曲线如图 3.5 所示.

令 $V(t,x)=x^2$, 设 $x(t)$ 为方程 (3.12) 的解. 计算函数 $V(t,x)$ 沿方程 (3.12) 解的导数, 有

$$\frac{\mathrm{d}}{\mathrm{d}t}V(t,x(t))=-2ax^2(t)+2bx(t)x(t-r).$$

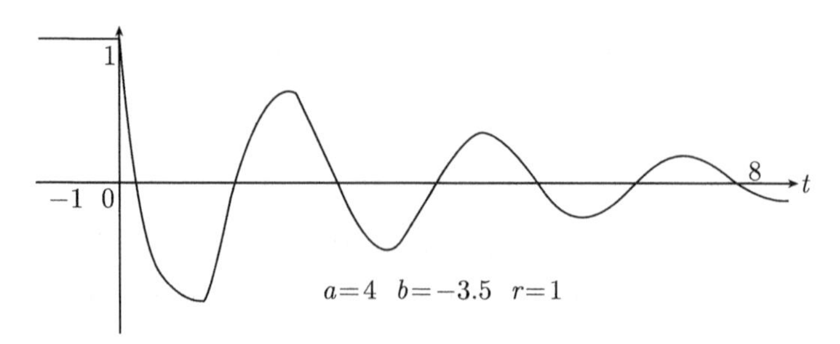

图 3.5　方程 (3.12) 的解曲线

若 $r=0$, 则

$$\frac{\mathrm{d}}{\mathrm{d}t}V(t,x(t))=-2(a-b)x^2(t).$$

所以, 当 $a\geqslant b$ 时, 易知 $\frac{\mathrm{d}}{\mathrm{d}t}V(t,x(t))\leqslant 0$.

若 $r>0$, 为了判定 $x(t)x(t-r)$ 的符号以及得到不等式 $\frac{\mathrm{d}}{\mathrm{d}t}V(t,x(t))\leqslant 0$, 必须对含有时滞的项 $x(t-r)$ 进行估计. 然而, 由图 3.5 可知, 对于不同的 a, b 的值, 方程 (3.12) 的解在正负之间无限地振动. 因此, $x(t)$ 与 $x(t-r)$ 未必有同样的符号. 为此, 考虑如下新的泛函:

$$W(t,x(\cdot))=\sup_{s\in[-h,0]}V(t+s,x(t+s)),\quad h>0.$$

注意到 $V(t,x(t))\leqslant W(t,x(\cdot))$. 若能证明 $W(t,x(\cdot))$ 关于 t 是非增加函数, 由此可推知方程的零解是稳定的. 为了计算 $W(t,x(\cdot))$ 是关于 t 的导数, 参考图 3.6, 观察 $V(t,x(t))$ 与 $W(t,x(\cdot))$ 的联系. 设所考虑的区间为 $t_1<t<t_4$.

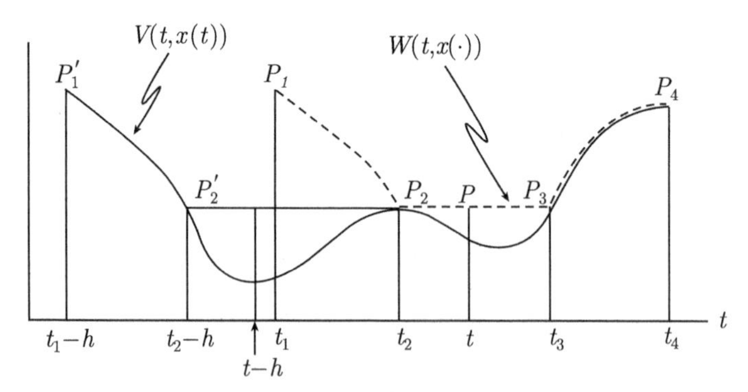

图 3.6　$V(t,x(t))$ 与 $W(t,x(\cdot))$ 的联系

首先, 考虑 $W(t,x(\cdot))>V(t,x(t))$ 的情形. 由图 3.6 可知, $t_1<t<t_2$, $t_2<t<t_3$. 若 $t_2<t<t_3$, 则 $W(t,x(\cdot))$ 的图形为连接 P_2 与 P_3 两点的虚线, 所以,

$\dfrac{\mathrm{d}}{\mathrm{d}t}W(t,x(\cdot))=0$. 若 $t_1<t<t_2$, 即 $W(t,x(\cdot))=V(t-h,x(t-h))$, 则 $W(t,x(\cdot))$ 的图形为连接 P_1 与 P_2 两点的虚线(即连接 P_1' 与 P_2' 两点的曲线向右平移 h 单位所得的曲线). 所以, $W(t,x(\cdot))$ 为 t 的减函数, 且有 $\dfrac{\mathrm{d}}{\mathrm{d}t}W(t,x(\cdot))<0$. 由以上分析, 有

$$W(t,x(\cdot))>V(t,x(t)) \quad \Longrightarrow \quad \frac{\mathrm{d}}{\mathrm{d}t}W(t,x(\cdot))\leqslant 0.$$

其次, 考虑 $W(t,x(\cdot))=V(t,x(t))$ 的情形. 由图 3.6 可知 $t_3<t<t_4$, 对应的 $W(t,x(\cdot))$ 的图形为 $V(t,x(t))$ 的图形上连接 P_3 与 P_4 两点间部分. 所以, 有

$$\frac{\mathrm{d}}{\mathrm{d}t}W(t,x(\cdot))=\frac{\mathrm{d}}{\mathrm{d}t}V(t,x(t))>0.$$

此外, 注意到当 $W(t,x(\cdot))=V(t,x(t))$ 时, 有

$$V(t+s,x(t+s))\leqslant V(t,x(t)) \quad (s\in[-h,0])$$

成立. 于是, 由以上分析得到要想使 $W(t,x(\cdot))$ 为 t 的非增函数, 只要使得 $\dfrac{\mathrm{d}}{\mathrm{d}t}W(t,x(\cdot))>0$ 的区间 $t_3<t<t_4$ 不存在即可, 即只要条件

(RC)

$$\boxed{\begin{aligned} &V(t+s,x(t+s))\leqslant V(t,x(t)) \quad s\in[-h,0] \\ &\Longrightarrow \quad \frac{\mathrm{d}}{\mathrm{d}t}V(t,x(t))\leqslant 0 \end{aligned}}$$

成立即可.

现将上述讨论应用于方程 (3.12). 选取 $V(t,x)=x^2$, $h=r$, 则有

$$V(t+s,x(t+s))\leqslant V(t,x(t)) \quad \Longleftrightarrow \quad |x(t+s)|\leqslant|x(t)|.$$

所以, 当 $V(t+s,x(t+s))\leqslant V(t,x(t))$ $(s\in[-r,0])$ 时, 有 $|x(t-r)|\leqslant|x(t)|$, 且函数 $V(t,x)$ 沿解的导数满足

$$\begin{aligned}\frac{\mathrm{d}}{\mathrm{d}t}V(t,x(t))&=-2ax^2(t)+2bx(t)x(t-r)\\ &\leqslant-2ax^2(t)+2|b||x(t)||x(t-r)|\\ &\leqslant-2ax^2(t)+2|b||x(t)|^2\\ &=-2(a-|b|)x^2(t).\end{aligned}$$

因此, 若 $a\geqslant|b|$, 则条件 (RC) 成立.

此外, 有关方程 (3.12) 零解是渐近稳定的充分必要条件, 请参考注 6.2 和附录一.

下面考虑条件 (RC) 在其他类型的时滞微分方程中的应用.

例 3.7　考虑积分微分方程

$$x'(t) = -ax(t) + b\int_{t-r}^{t} x(s)\mathrm{d}s, \tag{3.13}$$

其中 $a, b \in \mathbf{R}$, $r > 0$. 选取 $V(t,x) = x^2$, $h = r$. 设 $x(t)$ 为方程 (3.13) 的解. 所以, 有

$$V(t+s, x(t+s)) \leqslant V(t, x(t)) \quad \Longleftrightarrow \quad |x(t+s)| \leqslant |x(t)|.$$

当 $V(t+s, x(t+s)) \leqslant V(t, x(t))$ $(s \in [-r, 0])$ 时, $V(t,x)$ 沿解的导数满足

$$\begin{aligned}\frac{\mathrm{d}}{\mathrm{d}t}V(t,x(t)) &= -2ax^2(t) + 2bx(t)\int_{t-r}^{t} x(s)\mathrm{d}s \\ &\leqslant -2ax^2(t) + 2|b||x(t)|\int_{-r}^{0} |x(t+s)|\mathrm{d}s \\ &\leqslant -2ax^2(t) + 2|b||x(t)|^2\int_{-r}^{0} \mathrm{d}s \\ &= -2(a - |b|r)x^2(t).\end{aligned}$$

于是, 若 $a \geqslant |b|r$, 则条件 (RC) 成立.

由上述分析可知, 为了使条件 (RC) 成立, 微分方程的右端不含有时滞的项占优于含有时滞的项. 类似于方程 (3.12) 或方程 (3.13) 这样的方程常称为**无时滞项占优 (ordinary dominant) 方程**.

下面, 将条件 (RC) 用于对非无时滞项占优方程.

例 3.8　考虑第 2 章中讨论过的微分方程

$$x'(t) = -ax(t-r), \tag{3.14}$$

其中 $a \in \mathbf{R}$, $r > 0$. 为了将方程 (3.14) 变形成为无时滞项占优方程, 对方程 (3.14) 的两端关于 t 从 $t-r$ 到 t 积分, 有

$$x(t-r) = x(t) + a\int_{t-r}^{t} x(s-r)\mathrm{d}s.$$

并代入到方程 (3.14), 可得

$$x'(t) = -ax(t) - a^2\int_{t-r}^{t} x(s-r)\mathrm{d}s,$$

即

$$x'(t) = -ax(t) - a^2\int_{t-2r}^{t-r} x(s)\mathrm{d}s. \tag{3.15}$$

此方程即为无时滞项占优方程. 选取 $V(t,x)=x^2$, $h=2r$. 注意到

$$V(t+s,x(t+s))\leqslant V(t,x(t)) \quad\Longleftrightarrow\quad |x(t+s)|\leqslant|x(t)|.$$

于是, 当 $V(t+s,x(t+s))\leqslant V(t,x(t))$ $(s\in[-2r,0])$ 时, $V(t,x)$ 沿解 $x(t)$ 的导数满足

$$\begin{aligned}\frac{\mathrm{d}}{\mathrm{d}t}V(t,x(t))&=-2ax^2(t)-2a^2x(t)\int_{t-2r}^{t-r}x(s)\mathrm{d}s\\&=-2ax^2(t)-2a^2x(t)\int_{-2r}^{-r}x(t+s)\mathrm{d}s\\&\leqslant-2ax^2(t)+2a^2|x(t)|^2\int_{-2r}^{-r}\mathrm{d}s\\&=-2a(1-ar)x^2(t).\end{aligned}$$

因此, 若 $0\leqslant ar\leqslant1$, 则条件 (RC) 成立.

最后, 考虑条件 (RC) 在 2.4 节中曾讨论过的二维非无时滞项占优系统中的应用.

例 3.9 考虑时滞微分方程

$$x'(t)=Ax(t-r), \tag{3.16}$$

其中 $r\geqslant0$, 且

$$A=-\rho\begin{pmatrix}\cos\theta & -\sin\theta\\ \sin\theta & \cos\theta\end{pmatrix},\quad \rho\in\mathbf{R},\ \ |\theta|\leqslant\frac{\pi}{2}.$$

当 $r=0$ 时, 方程 (3.16) 即为 3.1 节例 3.6 中情形 (III), 对应于 $\alpha=-\rho\cos\theta$, $\beta=-\rho\sin\theta$. 由第 2 章的讨论可知, 方程 (3.16) 的零解为一致渐近稳定的充分必要条件是 $0<\rho r<\pi/2-|\theta|$.

注意到方程 (3.16) 的解 $x(t)$ 满足

$$x(t-r)=x(t)-A\int_{t-r}^{t}x(s-r)\mathrm{d}s.$$

所以, 方程 (3.16) 可以化为如下无时滞项占优方程

$$x'(t)=Ax(t)-A^2\int_{t-r}^{t}x(s-r)\mathrm{d}s. \tag{3.17}$$

选取 $V(t,x)=|x|^2=x^{\mathrm{T}}x$, $h=2r$. 由方程 (3.17) 可知 $V(t,x)$ 沿解 $x(t)$ 的导数满足

$$\begin{aligned}\frac{\mathrm{d}}{\mathrm{d}t}V(t,x(t)) &= (x'(t))^{\mathrm{T}}x(t)+(x(t))^{\mathrm{T}}x'(t)\\ &= \left\{Ax(t)-A^2\int_{t-r}^{t}x(s-r)\mathrm{d}s\right\}^{\mathrm{T}}x(t)\\ &\quad +(x(t))^{\mathrm{T}}\left\{Ax(t)-A^2\int_{t-r}^{t}x(s-r)\mathrm{d}s\right\}\\ &= (x(t))^{\mathrm{T}}\left(A^{\mathrm{T}}+A\right)x(t)-2\left(x(t)\right)^{\mathrm{T}}\left\{A^2\int_{t-r}^{t}x(s-r)\mathrm{d}s\right\}\\ &= -2\rho\cos\theta|x(t)|^2-2\left(x(t)\right)^{\mathrm{T}}\left\{A^2\int_{-2r}^{-r}x(t+s)\mathrm{d}s\right\}\\ &\leqslant -2\rho\cos\theta|x(t)|^2+2\rho^2|x(t)|\int_{-2r}^{-r}|x(t+s)|\mathrm{d}s.\end{aligned}$$

由于

$$V(t+s,x(t+s))\leqslant V(t,x(t)) \quad\Longleftrightarrow\quad |x(t+s)|\leqslant|x(t)|,$$

则当 $V(t+s,x(t+s))\leqslant V(t,x(t))$ $(s\in[-2r,0])$ 时, 有

$$\begin{aligned}\frac{\mathrm{d}}{\mathrm{d}t}V(t,x(t)) &\leqslant -2\rho\cos\theta|x(t)|^2+2\rho^2|x(t)|^2r\\ &= -2\rho(\cos\theta-\rho r)|x(t)|^2.\end{aligned}$$

于是, 若 $0\leqslant\rho r\leqslant\cos\theta$, 则条件 (RC) 成立.

以上讨论中, 通过引入条件 (RC), 可将常微分方程稳定性理论中 Liapunov 方法扩展到时滞微分方程的方法被称为 **Liapunov-Razumikhin 方法**, 也是时滞微分方程稳定性理论研究最有效方法之一.

注 3.1 只是为了简单起见, 这里只讨论了一致稳定性, 同样的方法可用于讨论渐近稳定性, 这将在第 6 章中详细介绍.

3.3 对于 Logistic 方程中的应用

本节主要采用 Liapunov-Razumikhin 方法讨论如下具有时滞的 Logistic 方程

$$x'(t)=ax(t)\left\{1-\frac{x(t-r)}{K}\right\} \tag{3.18}$$

正平衡点 $x=K$ 稳定性, 其中 a, K, r 均为正常数.

由 3.2 节的讨论可知, 对于时滞微分方程, 若存在正定的 Liapunov 函数满足条件 (RC), 则其零解是稳定的, 即

Liapunov-Razumikhin 一致稳定判别法
(i) $w_1(x) \leqslant V(t,x) \leqslant w_2(x)$,
(ii) $V(t+s,x(t+s)) \leqslant V(t,x(t)),\quad s\in[-h,0], \Longrightarrow \dfrac{\mathrm{d}}{\mathrm{d}t}V(t,x(t)) \leqslant 0$.

对方程 (3.18) 的解 $x(t)$, 作变换 $y(t) = -1 + \dfrac{x(t)}{K}$, 则

$$y'(t) = -ay(t-r)\left\{1+y(t)\right\}, \tag{3.19}$$

方程 (3.18) 的正平衡点 $x = K$ 对应于方程 (3.19) 的零解. 所以, 为了研究方程 (3.18) 正平衡点的稳定性, 只要研究方程 (3.19) 零解的稳定性即可.

选取 Liapunov 函数为 $V(t,y) = \dfrac{y^2}{2}$, 且 $h = 2r$. 显然, 正定性条件 (i) 成立. 注意到方程 (3.19) 的解 $y(t)$ 满足

$$y(t-r) = y(t) + a\int_{t-r}^{t} y(s-r)\left\{1+y(s)\right\}\mathrm{d}s.$$

因此, 有

$$\begin{aligned}
\frac{\mathrm{d}}{\mathrm{d}t}V(t,y(t)) &= -ay(t)y(t-r)\left\{1+y(t)\right\}\\
&= -ay(t)y(t-r) - ay^2(t)y(t-r)\\
&= -ay^2(t) - a^2y(t)\int_{t-r}^{t} y(s-r)\left\{1+y(s)\right\}\mathrm{d}s\\
&\quad -ay^2(t)y(t-r)\\
&= -ay^2(t) - a^2y(t)\int_{t-r}^{t} y(s-r)\mathrm{d}s\\
&\quad -a^2y(t)\int_{t-r}^{t} y(s-r)y(s)\mathrm{d}s - ay^2(t)y(t-r)\\
&\leqslant -ay^2(t) + a^2|y(t)|\int_{-2r}^{-r} |y(t+s)|\mathrm{d}s\\
&\quad +a^2|y(t)|\int_{-r}^{0} |y(t+s-r)||y(t+s)|\mathrm{d}s\\
&\quad +ay^2(t)|y(t-r)|.
\end{aligned}$$

另一方面, 由于

$$V(t+s,y(t+s)) \leqslant V(t,y(t)) \iff |y(t+s)| \leqslant |y(t)|,$$

则当 $V(t+s,y(t+s)) \leqslant V(t,y(t))\quad (s\in[-2r,0])$ 时, 有

$$\begin{aligned}
\frac{\mathrm{d}}{\mathrm{d}t}V(t,y(t)) &\leqslant -ay^2(t) + a^2r|y(t)|^2 + a^2r|y(t)|^3 + ay^2(t)|y(t)|\\
&= -a(1-ar)y^2(t) + a(ar+1)|y(t)|^3.
\end{aligned}$$

这里只考虑零解的局部稳定性, 为此, 对于充分小的正数 H, 在原点的邻域 $\Omega = \{y \in \mathbf{R} : |y| < H\}$ 内, 有

$$\frac{\mathrm{d}}{\mathrm{d}t}V(t, y(t)) \leqslant -a\{1 - ar - (ar+1)H\}y^2(t).$$

所以, 当

$$ar < 1$$

时, 只要选取 $H = \dfrac{1-ar}{ar+1}$, 即可知稳定性判定条件 (ii) 成立. 因而, 当 $ar < 1$ 时, Logistic 方程 (3.18) 的正平衡点是一致稳定的 (关于一致渐近稳定性讨论, 参考第 6.2 节的例 6.5).

注 3.2 实际上, 对于方程 (3.18) 正平衡点的局部稳定性, 通过分析对应线性化方程, 可以证明方程 (3.18) 正平衡点为局部渐近稳定的充分必要条件是 $ar < \pi/2$. 依据生物学意义, 若限制方程 (3.18) 为正锥, 利用 Liapunov-Razumikhin 方法可以证明方程 (3.18) 正平衡点为全局稳定的充分条件是 $ar < 3/2$. 需要指出的是这一结果的证明涉及对解的性态比较细致的分析.

练习 3.3 对于积分微分方程

$$x'(t) = -ax(t) + \int_{t-r}^{t} c(t, s)x(s)\mathrm{d}s \qquad (a > 0,\ r > 0),$$

利用 $V(t, x) = x^2$ 和 Liapunov-Razumikhin 判别法讨论其零解的稳定性, 其中 $c(t, s)$ 为连续函数.

练习 3.4 对于积分微分方程

$$x'(t) = -a\int_{t-r}^{t} x(s)\mathrm{d}s \quad (a > 0,\ r > 0),$$

利用 $V(t, x) = x^2$ 和 Liapunov-Razumikhin 判别法讨论其零解的稳定性.

[提示: 将

$$x(s) = x(t) + a\int_{s}^{t}\int_{v-r}^{v} x(u)\mathrm{d}u\mathrm{d}v$$

代入到原方程.]

练习 3.5 例 3.8 中, 通过适当的代换将原方程化为无时滞项占优方程 (3.15). 重复利用类似的代换, 试给出条件 (RC) 成立时 a, r 应满足的充分条件.

[提示: 将

$$x(s) = x(t) + a\int_{s}^{t} x(u-r)\mathrm{d}u$$

代入到方程 (3.15).]

第4章 基础理论

本章主要介绍泛函微分方程的定义以及解的存在唯一性与解的延拓等基础理论.

4.1 泛函微分方程的一般形式

时滞微分方程的特点是其右端不仅依赖于现在时刻的函数值, 且同过去时刻的函数值有关. 为了给出泛函微分方程的一般形式, 考虑以下方程:

$$x''(t)+cx'(t)+dx(t-r)=0.$$

令 $y(t)=x'(t)$, 则得到二维联立方程

$$\begin{cases} x'(t)=y(t), \\ y'(t)=-dx(t-r)-cy(t). \end{cases}$$

进一步, 记 $z(t)=(x(t),y(t))^{\mathrm{T}}$ (即将 $x(t)$, $y(t)$ 看作二维列向量) 以及

$$A=\begin{pmatrix} 0 & 1 \\ 0 & -c \end{pmatrix},\quad B=\begin{pmatrix} 0 & 0 \\ -d & 0 \end{pmatrix},$$

则上述联立方程可以写为

$$z'(t)=Az(t)+Bz(t-r).$$

若 $B=0$, 则方程为常微分方程, 满足初始条件 $z(0)=a$ 的解于 $-\infty<t<+\infty$ 上存在且唯一. 否则, 其初始条件中, 只有条件 $z(0)=a$, $z(-r)=b$ 是不够的, 需要指定在整个区间 $[-r,0]$ 上的函数值 $z(\theta)=\phi(\theta)$ $(-r\leqslant\theta\leqslant 0)$. 在区间 $[0,r]$ 上, 方程化为 $z'(t)=Az(t)+B\phi(t-r)$. 由常数变易公式可知, 其解存在且唯一. 利用解在 $[0,r]$ 上的值, 可知在区间 $[r,2r]$ 上, 解仍存在且唯一. 进而, 可知解在区间 $[2r,3r]$ 上存在且唯一. 重复上述步骤, 可以推知, 由最初区间 $[-r,0]$ 上的值可以得到方程在区间 $[0,+\infty)$ 上唯一确定的一个解. 但是, 通常时滞方程的解沿负的方向未必可以延拓.

从时刻 $t-r$ 到 t 的函数 z 可以看作以 θ 为参数, 其变化范围为从 $-r$ 到 0 的函数 $z(t+\theta)$. 这样的函数称为 z 的 t **切片**, 并记作 z_t. 也就是说, 对以前定义的关

于 t 的函数 $z(t)$, z_t 定义为 $\theta \leqslant 0$ 的函数:

$$z_t(\theta) = z(t+\theta).$$

于是, $Az(t) + Bz(t-r)$ 可表示为

$$Az(t) + Bz(t-r) = Az_t(0) + Bz_t(-r),$$

其中 θ 的取值范围为 $-r \leqslant \theta \leqslant 0$. 若给定 0 切片 z_0, 解于 $[0, +\infty)$ 上唯一确定.

其次, 考虑**Verhulst-Volterra** 方程

$$x'(t) = x(t)\left[a - bx(t) + \int_{t_0}^{t} K(t,s)x(s)\mathrm{d}s\right].$$

注意到 t-切片的定义 $x_t(\theta) = x(t+\theta)$ $(\theta \leqslant 0)$, 此方程可表示为

$$x'(t) = x_t(0)\left[a - bx_t(0) + \int_{t_0-t}^{0} K(t, t+\theta)x_t(\theta)\mathrm{d}\theta\right].$$

若给定初始值为 $x(t_0) = a$, 对于 $t \geqslant t_0$, 方程可以求解. 若给定初始值为 $x(s) = \phi(s)$, $t_0 \leqslant s \leqslant t_1$, 对 $t \geqslant t_1$, 方程可以求解. 对于每个时刻 t, 对应切片 x_t 定义于区间 $[t_0 - t, 0]$ 上. 显然, 当 $t \to +\infty$ 时, 此区间趋于无限区间 $(-\infty, 0]$. 因此, 这样的方程称为无界时滞微分方程. 但是, 只从方程求解角度考虑, 方程右端的 t 切片可以视为定义在整个 $(-\infty, 0]$ 上. 也就是说, 虽然 $t_0 - t$ 以前切片的值并没有用到, 但切片的定义域可以视为整个 $(-\infty, 0]$.

若 $t_0 = -\infty$, 则切片的定义域为 $(-\infty, 0]$. 这时, 对应的方程称为无穷时滞微分方程.

以上例子可概述如下. 设未知函数的值域为空间 E. 若 $\mathbf{R}$ 表示实数集合, 对应于前面的例子, $E = \mathbf{R}^2$ 或者 $E = \mathbf{R}$. 设参数 θ 的变化范围为 $I \subset (-\infty, 0]$, 关于函数 $\phi : I \to E$, 方程的右端可以确定取值于 E 上的映射. 例如, 对应于第一个例子, 映射 L 为

$$L(\phi) = A\phi(0) + B\phi(-r),$$

方程可以表示为 $z'(t) = L(z_t)$. 对应于第 2 个例子, 映射 $f(t, \phi)$ 为

$$f(t,\phi) = \phi(0)\left[a - b\phi(0) + \int_{t_0-t}^{0} K(t, t+\theta)\phi(\theta)\mathrm{d}\theta\right],$$

方程可以表示为

$$x'(t) = f(t, x_t).$$

适当选取函数 ϕ 的集合 $\mathcal{F}$, 可以使得 L, f 成为连续泛函. 集合 $\mathcal{F}$ 称为方程的相空间, 也可作为初始函数空间.

E 表示 n 维线性空间 $E=\mathbf{R}^n$或$\mathbf{C}^n$, 对应的模定义为

$$|x|=\sqrt{(|x^1|)^2+(|x^2|)^2+\cdots+(|x^n|)^2},\quad x=(x^1,x^2,\cdots,x^n).$$

$C([a,b],E)$ 表示从区间 $[a,b]$ 到 E 的全体连续函数所构成的集合. $C([a,b],E)$ 对一致收敛拓扑构成 Banach 空间. 对任意的 $\phi\in C([a,b],E)$, 对应的模定义为 $\|\phi\|=\sup\{|\phi(\theta)|:a\leqslant\theta\leqslant b\}$.

练习 4.1　证明 $C([a,b],E)$ 为 Banach 空间.

对于上述定义的 L, 选取相空间为 $C:=C([-r,0],\mathbf{R}^2)$, 则 L 为从 C 到 $\mathbf{R}^2$ 的连续线性映射. 事实上, 线性性是显然的. 定义矩阵的模为其元素平方和的平方根, 则有

$$|L(\phi)|\leqslant|A||\phi(0)|+|B||\phi(-r)|\leqslant(|A|+|B|)\|\phi\|.$$

所以, 算子 L 的模满足 $\|L\|\leqslant|A|+|B|$ 且 L 为连续的.

练习 4.2　验证 L 为线性映射.

下面讨论 Verhulst-Volterra 方程. 为了讨论 $f(t,\phi)$ 的连续性, 只要考虑

$$g(t,\phi):=\int_{t_0}^{t}K(t,s)\phi(s-t)\mathrm{d}s$$

的连续性即可. 设 $K(t,s)(-\infty<s\leqslant t<+\infty)$ 为连续函数. 因此,

$$k(t):=\int_{t_0}^{t}|K(t,s)|\mathrm{d}s,\quad -\infty<s\leqslant t<+\infty$$

为连续函数.

选取相空间 B 为由有界连续函数 $\phi:(-\infty,0)\to\mathbf{R}$ 全体构成的集合, 对应的模定义为 $\|\phi\|=\sup\{|\phi(\theta)|:-\infty<\theta\leqslant0\}$. 所以, 当 $t_0\leqslant u<t,\ \phi,\psi\in B$ 时, 有

$$\begin{aligned}g(t,\phi)-g(u,\psi)=&\int_{u}^{t}K(t,s)\phi(s-t)\mathrm{d}s+\int_{t_0}^{u}(K(t,s)\phi(s-t)\\&-K(u,s)\psi(s-u))\mathrm{d}s.\end{aligned}$$

考虑当 $|t-u|\to0$, $\|\phi-\psi\|\to0$ 时, 上式右端的极限. 右端第 1 项中的积分不超过 $\displaystyle\int_{u}^{t}|K(t,s)|\mathrm{d}s\|\phi\|$. 所以, 当 $t\to u$ 时, 收敛于 0. 右端第 2 项中的积分可以表示为函数

$$p(s):=K(t,s)(\phi(s-t)-\psi(s-t)),$$

$$q(s) := K(t,s)(\psi(s-t) - \psi(s-u)),$$

$$r(s) := (K(t,s) - K(u,s))\psi(s-u)$$

的积分和. 注意到 $|p(s)| \leqslant |K(t,s)| \|\phi - \psi\|$, 所以, 当 $\|\phi - \psi\| \to 0$ 时, $p(s)$ 的积分收敛于 0. 又由于 $|q(s)| \leqslant |K(t,s)||\psi(s-t) - \psi(s-u)|$, 且 $\psi(\theta)$ 在区间 $[t_0 - t, 0]$ 上一致连续, 则当 $t \to u$ 时, $q(s)$ 的积分同样收敛于 0. 此外, 对于 $u \leqslant t \leqslant u+1$, 函数 $K(t,s)$ 关于 (t,s) 平面上的集合 $[u, u+1] \times [t_0, u]$ 是一致连续的. 所以, 当 $t \to u$ 时,$r(s)$ 的积分也收敛于 0. 所以, 当 $t \to u$ 时, 上式右端的第 2 项中的积分收敛于 0. 因此, $g(t,\phi)$ 是连续的.

练习 4.3 证明空间

$$C^\gamma := \{\phi \in C((-\infty, 0], E) : \lim_{\theta \to -\infty} \|\phi(\theta)\| \mathrm{e}^{\gamma\theta} = 0,\ \gamma > 0\}$$

是 Banach 空间, 其中 C^γ 中的模定义为

$$\|\phi\|_\gamma := \sup_{\theta \in (-\infty, 0]} \|\phi(\theta)\| \mathrm{e}^{\gamma\theta}, \qquad \phi \in C^\gamma.$$

以下仅考虑具有有限时滞的微分方程. 对于 $\sigma \in \mathbf{R}$, $a > 0$, $x \in C([\sigma - r, \sigma + a], E)$, $t \in [\sigma, \sigma + a]$, 定义 $x_t \in C([-r, 0], E)$ 为

$$x_t(\theta) = x(t + \theta), \quad -r \leqslant \theta \leqslant 0.$$

对于 $D \subset \mathbf{R} \times C([-r, 0], E)$, 设 $f(t,\phi) : D \to E$ 为已知泛函, $x'(t)$ 表示 $x(t)$ 的右导数. 关系式

$$x'(t) = f(t, x_t) \tag{4.1}$$

称为定义于 D 上的**泛函微分方程**.

称函数 $x(t)$ 为方程 (4.1) 在 $[\sigma - r, \sigma + a]$ 上的**解**, 如果 $x \in C([\sigma - r, \sigma + a], E)$, 且对任意的 $t \in [\sigma, \sigma + a]$, 有 $(t, x_t) \in D$ 与方程 (4.1) 成立. 对于给定的 $(\sigma, \phi^0) \in D$, 若解 $x(t)$ 满足 $x_\sigma = \phi^0$, 则称 $x(t)$ 是当 $t = \sigma$ 时初始函数为 ϕ^0 的方程 (4.1) 的解 (简称为过 (σ, ϕ^0) 的解). 求满足给定初始条件 (σ, ϕ^0) 的解又称为方程 (4.1) 的**初值问题**. 为了强调解 $x(t)$ 对于初始条件 (σ, ϕ^0) 的依赖性, 有时将解 $x(t)$ 记为 $x(t, \sigma, \phi^0)$.

例如, 微分方程

$$x' = 0$$

可以看作 D 上的泛函微分方程, 其解 $x(t, \sigma, \phi^0)$ 可理解为

$$x(t, \sigma, \phi^0) = \begin{cases} \phi^0(t - \sigma), & \sigma - r \leqslant t \leqslant \sigma, \\ \phi^0(0), & t \geqslant \sigma. \end{cases}$$

引理 4.1 设 $x \in C([\sigma - r, \sigma + a], E)$, 则 x_t 关于 $t \in [\sigma, \sigma + a]$ 是连续的.

证明 由于有界闭区间 $[\sigma - r, \sigma + a]$ 上的连续函数 $x(t)$ 为一致连续的, 所以, 对任意的 $\varepsilon > 0$, 存在 $\delta(\varepsilon) > 0$, 使得当 $t, \bar{t} \in [\sigma - r, \sigma + a]$, 且 $|t - \bar{t}| < \delta(\varepsilon)$ 时, 有 $|x(t) - x(\bar{t})| < \varepsilon$. 所以, 对任意的 $\theta \in [-r, 0]$, 有 $|x(t + \theta) - x(\bar{t} + \theta)| < \varepsilon$. 进而, 有 $\|x_t - x_{\bar{t}}\| < \varepsilon$. 证毕.

设 $f : D \to E$ 是连续泛函, $x(t)$ 为方程 (4.1) 满足 $x_\sigma = \phi^0$ 的解. 由引理 4.1 可知, $f(t, x_t)$ 为 t 的连续函数, 且是局部可积的. 方程 (4.1) 的两端从 σ 到 t 积分, 可得

$$\int_\sigma^t x'(s)\mathrm{d}s = \int_\sigma^t f(s, x_s)\mathrm{d}s.$$

因此,

$$x(t) - x(\sigma) = \int_\sigma^t f(s, x_s)\mathrm{d}s.$$

注意到 $x(\sigma) = \phi^0(0)$ 与 $x_\sigma = \phi^0$, 当 $(t, x_t) \in D$ 时, 有

$$\begin{cases} x_\sigma = \phi^0, \\ x(t) = \phi^0(0) + \int_\sigma^t f(s, x_s)\mathrm{d}s. \end{cases} \tag{4.2}$$

反之, 满足方程 (4.2) 的连续函数 $x(t)$ 一定满足 $x_\sigma = \phi^0$, 且对方程 (4.2) 的两端关于 t 求导, 有

$$x'(t) = f(t, x_t).$$

这表明 $x(t)$ 是方程 (4.1) 满足 $x_\sigma = \phi^0$ 的解. 于是, 泛函微分方程 (4.1) 过 (σ, ϕ^0) 的初值问题与方程 (4.2) 的连续解 $x(t)$ 是等价的.

类似于方程 (4.2), 积分号中含有未知函数的方程称为**积分方程**.

4.2 Bellman-Gronwall 引理

本节主要介绍在泛函微分方程解的存在性以及唯一性的讨论中起着重要作用的一些不等式. 首先, 介绍与常微分方程解的比较定理有关的不等式.

例如, 设实函数 $u(t)$ 满足 $u(\sigma) \leqslant \lambda$ 及微分不等式

$$u'(t) \leqslant \mu u(t), \quad t \geqslant \sigma.$$

两端乘以 $\mathrm{e}^{-\mu t} > 0$, 整理得

$$\frac{\mathrm{d}}{\mathrm{d}t}[u(t)\mathrm{e}^{-\mu t}] = u'(t)\mathrm{e}^{-\mu t} - \mu u(t)\mathrm{e}^{-\mu t} \leqslant 0.$$

由于 $u(t)\mathrm{e}^{-\mu t}$ 为单调减函数, 所以有

$$u(t)\mathrm{e}^{-\mu t} \leqslant u(\sigma)\mathrm{e}^{-\mu\sigma} \leqslant \lambda \mathrm{e}^{-\mu\sigma},$$

即

$$u(t) \leqslant \lambda \mathrm{e}^{\mu(t-\sigma)}, \quad t \geqslant \sigma.$$

这表明 $u(t)$ 不超过微分方程 $u' = \mu u$ 满足初始条件 $u(\sigma) = \lambda$ 的解. 这样的命题称为微分方程解的**比较定理**①. 这里并不准备详细叙述这方面的内容, 只给出有关积分不等式的一个重要结论, 即引理 4.2.

引理 4.2(Bellman-Gronwall 引理)　设 $f(t)$, $g(t)$, $\alpha(t)$ 为定义在区间 $[a,b]$ 上的连续函数, 且满足积分不等式

$$f(t) \leqslant g(t) + \int_a^t \alpha(s)f(s)\mathrm{d}s, \quad a \leqslant t \leqslant b, \tag{4.3}$$

则

$$f(t) \leqslant g(t) + \int_a^t g(s)\alpha(s)\exp\left\{\int_s^t \alpha(r)\mathrm{d}r\right\}\mathrm{d}s, \quad a \leqslant t \leqslant b. \tag{4.4}$$

证明　令

$$F(t) = \int_a^t \alpha(s)f(s)\mathrm{d}s.$$

两端关于 t 求导, 并利用式 (4.3) 可得

$$F'(t) = \alpha(t)f(t) \leqslant \alpha(t)g(t) + \alpha(t)F(t),$$

即

$$F'(t) - \alpha(t)F(t) \leqslant \alpha(t)g(t).$$

两端乘以

$$c(t) := \exp\left\{-\int_a^t \alpha(r)\mathrm{d}r\right\},$$

有

$$F'(t)c(t) + F(t)[-\alpha(t)c(t)] \leqslant g(t)\alpha(t)c(t).$$

注意到 $c'(t) = -\alpha(t)c(t)$, 可知上式的左端为 $(\mathrm{d}/\mathrm{d}t)[F(t)c(t)]$. 注意到 $F(a) = 0$, 从 a 到 t 积分, 得

$$F(t)c(t) \leqslant \int_a^t g(s)\alpha(s)c(s)\mathrm{d}s.$$

① 在通常的微分方程教科书中, 都有比较定理的叙述, 如可参考文献 [14] 和文献 [34].

两端除以 $c(t)$, 并注意到 $c(s)/c(t)=\exp\{\int_s^t\alpha(r)\mathrm{d}r\}$, 有

$$F(t)\leqslant\int_a^t g(s)\alpha(s)\exp\left\{\int_s^t\alpha(r)\mathrm{d}r\right\}\mathrm{d}s.$$

于是, 将上式代入到式 (4.3) 的右端, 便可得式 (4.4). 证毕.

推论 4.1(Gronwall 引理) 设 $f(t)$ 为定义于区间 I 上的连续函数, $\lambda\geqslant 0$, $\mu>0$, $\nu\geqslant 0$ 为常数. 若对 $t,\sigma\in I$, $f(t)$ 满足积分不等式

$$0\leqslant f(t)\leqslant\lambda+\left|\int_\sigma^t\{\mu f(s)+\nu\}\mathrm{d}s\right|,$$

则

$$f(t)\leqslant\lambda\mathrm{e}^{\mu|t-\sigma|}+\frac{\nu}{\mu}(\mathrm{e}^{\mu|t-\sigma|}-1).$$

特别地, 若

$$0\leqslant f(t)\leqslant\mu\int_\sigma^t f(s)\mathrm{d}s,\quad t\geqslant\sigma,$$

则 $f(t)\equiv 0,\ t\geqslant\sigma$.

证明 首先考虑 $\sigma\leqslant t$ 的情形. 令 $g(t)=\lambda+\nu(t-\sigma)$, $\alpha(t)=\mu$. 由 Bellman-Gronwall 引理可得

$$\begin{aligned}f(t)&\leqslant\lambda+\nu(t-\sigma)+\int_\sigma^t(\lambda+\nu(s-\sigma))\mu\mathrm{e}^{\mu(t-s)}\mathrm{d}s\\&=\lambda\mathrm{e}^{\mu(t-\sigma)}+\frac{\nu}{\mu}(\mathrm{e}^{\mu(t-\sigma)}-1).\end{aligned}$$

若 $t\leqslant\sigma$, 令 $u(s)=f(-s)$, 则对 $s\geqslant-\sigma$, 同样由 Bellman-Gronwall 引理可得

$$u(s)\leqslant\lambda\mathrm{e}^{\mu(s+\sigma)}+\frac{\nu}{\mu}(\mathrm{e}^{\mu(s+\sigma)}-1).$$

注意到 $f(t)=u(-t)$, 可知推论中的不等式成立. 证毕.

练习 4.4 设 $f(t)$, $g(t)$, $\alpha(t)$, $\beta(t)$ 为定义于区间 $I=[a,b]$ 上的连续函数, 且满足积分不等式

$$f(t)\leqslant g(t)+\beta(t)\int_a^t\alpha(s)f(s)\mathrm{d}s,\quad t\in I,$$

则

$$f(t)\leqslant g(t)+\beta(t)\int_a^t\alpha(s)g(s)\exp\left\{\int_s^t\beta(r)\alpha(r)\mathrm{d}r\right\}\mathrm{d}s,\quad t\in I.$$

特别地, 当 $g(t)$ 为非减函数时, 有

$$f(t)\leqslant g(t)\left[1+\beta(t)\int_a^t\alpha(s)\exp\left\{\int_s^t\beta(r)\alpha(r)\mathrm{d}r\right\}\mathrm{d}s\right],\quad t\in I.$$

泛函微分方程中, 函数 $x(t)$ 的模与函数的切片 x_t 的模的关系经常遇到. 利用函数 $x(t)$ 的模 $|x(t)|$ 估计切片 x_t 的模 $\|x_t\|$ 时, 以下的引理 4.3 经常用到.

引理 4.3　设 $x:[\sigma-r,\sigma+a)\to E$ 为连续函数, $x_\sigma=\phi$. 若有非减函数 $m(t)\geqslant 0$, 使得满足

$$|x(t)|\leqslant|\phi(0)|+m(t),\quad \sigma\leqslant t<\sigma+a,$$

则

$$\|x_t\|\leqslant\|\phi\|+m(t),\quad \sigma\leqslant t<\sigma+a.$$

证明　当 $\sigma-r\leqslant t\leqslant\sigma$ 时, $|x(t)|=|\phi(t-\sigma)|\leqslant\|\phi\|$, 所以, 由已知不等式有

$$|x(s)|\leqslant\|\phi\|+m(s)\leqslant\|\phi\|+m(t),\quad \sigma-r\leqslant s\leqslant t<\sigma+a.$$

因而, 当 $\sigma\leqslant t<\sigma+a$ 时, 有

$$\begin{aligned}\|x_t\|&=\sup\{|x(t+\theta)|:\theta\in[-r,0]\}\\&=\sup\{|x(s)|:t-r\leqslant s\leqslant t\}\\&\leqslant\sup\{|x(s)|:\sigma-r\leqslant s\leqslant t\}.\end{aligned}$$

引理得证. 证毕.

4.3　解的存在唯一性定理 ——Picard 逐次逼近法

本节主要考虑有限时滞微分方程 $x'(t)=f(t,x_t)$ 解的存在性.

对于给定的 $\phi^0\in C=C([-r,0],E)$, $a>0$, $M>0$, 设 F 为满足如下条件的函数 $x:[\sigma-r,\sigma+a]$ 所构成的集合, 即当 $\sigma-r\leqslant t\leqslant\sigma$ 时, $x(t)=\phi^0(t-\sigma)$; 当 $\sigma\leqslant t,t'\leqslant\sigma+a$ 时, $|x(t)-x(t')|\leqslant M|t-t'|$.

引理 4.4　对于 $\phi^0\in C$ 和常数 $b>0,M>0$, 若 $a>0$ 充分的小, 则对任意的 $x\in F$, 当 $\sigma\leqslant t\leqslant\sigma+a$ 时, 有 $\|x_t-\phi^0\|<b$.

证明　定义函数 $\xi:[\sigma-r,+\infty)\to E$:

$$\xi(t)=\begin{cases}\phi^0(t-\sigma), & \sigma-r\leqslant t\leqslant\sigma\\ \phi^0(0), & t\geqslant\sigma.\end{cases}$$

显然, $\xi_\sigma=\phi^0$. 由引理 4.1 可知, $\xi_t\in C$ 是 t 的连续泛函. 所以, 存在充分小的正数 $a_1>0$, 有 $\|\xi_t-\phi^0\|<b/2$, $\sigma\leqslant t\leqslant\sigma+a_1$.

令 $y(t)=x(t)-\xi(t)$. 由于 $y_\sigma=0$, 则当 $t\geqslant\sigma$ 时, 有

$$|y(t)|=|x(t)-\phi^0(0)|=|x(t)-x(\sigma)|\leqslant M(t-\sigma).$$

由引理 4.3 可知, $\|y_t\| \leqslant M(t-\sigma)$ $(t \geqslant \sigma)$. 因此, 当 $0 \leqslant t-\sigma \leqslant b/2M := a_2$ 时, 有 $\|x_t - \xi_t\| \leqslant b/2$. 所以, 当取 $a = \min\{a_1, a_2\}$ 时, 引理结论成立. 证毕.

设函数 $f(t,\phi)$ 为由 $\mathbf{R} \times C$ 的某个开集 D 到 E 的连续泛函, 且 $(\sigma, \phi^0) \in D$. 由连续性知, $f(t,\phi)$ 在点 (σ,ϕ^0) 的邻域有界. 特别地, 对 $\alpha > 0$, $b > 0$, $M > 0$, 有

$$0 \leqslant t-\sigma \leqslant \alpha, \ \|\phi - \phi^0\| \leqslant b \quad \Longrightarrow \quad (t,\phi) \in D, \ |f(t,\phi)| \leqslant M.$$

此外, 必要时可选取 α 充分的小, 使得当 $x \in F$ 时, 有 $\|x_t - \phi^0\| < b$, $(0 \leqslant t-\sigma \leqslant \alpha)$.

称 $f(t,\phi)$ 在 D 上关于 ϕ 满足 **Lipschitz 条件**, 如果存在正数 L, 使得对任意的 $(t,\phi),(t,\bar{\phi}) \in D$, 有

$$|f(t,\phi) - f(t,\bar{\phi})| \leqslant L\|\phi - \bar{\phi}\| \tag{4.5}$$

成立, 其中 L 称为 **Lipschitz 常数**.

下面, 给出定义于 D 上的泛函微分方程

$$x'(t) = f(t, x_t) \tag{4.6}$$

解的**存在性定理**.

定理 4.1 设 $f(t,\phi)$ 在 D 上连续, σ, ϕ^0, $\alpha > 0$, $b > 0$, $M > 0$ 满足上面条件, 即下面条件成立:

(i) $K \subset D$, $|f(t,\phi)| \leqslant M$, $\quad (t,\phi) \in K$;

(ii) 对于满足 $x_\sigma = \phi^0$ 的函数 $x : [\sigma - r, \sigma + \alpha] \to E$, 若 t, $\bar{t} \in I$, 且 $|x(t) - x(\bar{t})| \leqslant M|t - \bar{t}|$, 则 $(t, x_t) \in K$ $(t \in I)$;

(iii) 若 $(t,\phi),(t,\bar{\phi}) \in K$, 则方程 (4.5) 成立,

其中 $I = [\sigma, \sigma+\alpha]$, $K = \{(t,\phi) : t \in I, \ \|\phi - \phi^0\| \leqslant b\}$, 则方程 (4.6) 在 I 上存在满足 $x_\sigma = \phi^0$ 的唯一解 $x : [\sigma - r, \sigma + \alpha] \to E$. 此外, 对于区间 $[\sigma - r, \tau]$ $(\sigma < \tau \leqslant \sigma + \alpha)$, 过 (σ, ϕ^0) 的所有解 $x(t)$ 一致存在.

证明 采用 **Picard 逐次逼近法**. 令

$$x^0(t) = \begin{cases} \phi^0(t-\sigma), & t \in [\sigma - r, \sigma], \\ \phi^0(0), & t \in [\sigma, \sigma + \alpha]. \end{cases}$$

显然,$x^0 \in F$. 构造函数序列 $x^1(t), x^2(t), \cdots$

$$x^{k+1}(t) = \begin{cases} \phi^0(t-\sigma), & t \in [\sigma - r, \sigma], \\ \phi^0(0) + \displaystyle\int_\sigma^t f(s, x_s^k)\mathrm{d}s, & t \in [\sigma, \sigma + \alpha]. \end{cases}$$

首先, 说明上式右端的积分是有意义的. 对于 $t \in [\sigma, \sigma+\alpha]$, 由于 $x^0(t) \equiv \phi(0)$, 则 $(t, x_t^0) \in K$. 所以, $f(t, x_t^0)$ 有意义, 且 $|f(t, x_t^0)| \leqslant M$. 因此, 对于 $t \in [\sigma, \sigma + \alpha]$,

$x^1(t)$ 满足定理的条件 (ii). 对于区间 $[\sigma, \sigma+\alpha]$, 类似可知,$f(t, x_t^1)$ 有意义, 且对应的模不超过 M. 于是, 重复上述步骤, 可知对所有的 $k=0,1,2,\cdots$, 在区间 $[\sigma, \sigma+\alpha]$ 上, $x^k(t)$ 有意义, 且 $(t, x_t^k) \in K$.

要证上述函数序列 $\{x^k(t)\}$ 收敛于某函数 $x(t)$. 考虑函数项级数

$$x^0(t)+\{x^1(t)-x^0(t)\}+\{x^2(t)-x^1(t)\}+\cdots$$

$$+\{x^k(t)-x^{k-1}(t)\}+\cdots \tag{4.7}$$

注意到级数的部分和构成的序列为 $x^0(t), x^1(t), \cdots, x^k(t), \cdots$, 只要证明级数 (4.7) 收敛即可. 对于 $k=1,2,\cdots$, $t \in [\sigma, \sigma+\alpha]$, 先证明

$$|x^k(t)-x^{k-1}(t)| \leqslant \frac{M}{L}\frac{L^k(t-\sigma)^k}{k!} \tag{4.8}$$

成立. 当 $k=1$ 时, 结论是显然的. 假设当 k 时 (4.8) 成立. 要证当 $k+1$ 时, (4.8) 仍成立.

若 $t \in [\sigma-r, \sigma]$, 则 $x^k(t)-x^{k-1}(t)=0$. 由 (4.8) 可知, 对 $t \in [\sigma, \sigma+\alpha]$, 有

$$\|x_t^k - x_t^{k-1}\| \leqslant \frac{M}{L}\frac{L^k(t-\sigma)^k}{k!}.$$

又由于

$$x^{k+1}(t)=\phi^0(0)+\int_\sigma^t f(s, x_s^k)\mathrm{d}s,$$

$$x^k(t)=\phi^0(0)+\int_\sigma^t f(s, x_s^{k-1})\mathrm{d}s,$$

利用 Lipschitz 条件可得

$$\begin{aligned}
|x^{k+1}(t)-x^k(t)| &\leqslant \int_\sigma^t |f(s, x_s^k)-f(s, x_s^{k-1})|\mathrm{d}s \\
&\leqslant L\int_\sigma^t \|x_s^k - x_s^{k-1}\|\mathrm{d}s \\
&\leqslant L\frac{M}{L}\frac{L^k}{k!}\int_\sigma^t (s-\sigma)^k \mathrm{d}s \\
&= \frac{M}{L}\frac{L^{k+1}}{k!}\frac{(t-\sigma)^{k+1}}{k+1}.
\end{aligned}$$

所以, 当 $k+1$ 时, 式 (4.8) 成立. 因此, 当 $\sigma \leqslant t \leqslant \sigma+\alpha$ 时, 有

$$\begin{aligned}\sum_{k=1}^{+\infty}|x^k(t)-x^{k-1}(t)| &\leqslant \sum_{k=1}^{+\infty}\frac{M}{L}\frac{L^k(t-\sigma)^k}{k!}\\ &\leqslant \frac{M}{L}\sum_{k=1}^{+\infty}\frac{(L\alpha)^k}{k!}\\ &=\frac{M}{L}(\mathrm{e}^{L\alpha}-1).\end{aligned}$$

在最后等式中, 利用了 Maclaurin 展开式. 于是, 级数 (4.7) 在 $[\sigma,\sigma+\alpha]$ 上绝对一致收敛.

由于在 $[\sigma-r,\sigma]$ 上, $x^k(t)$ 等于 $\phi^0(t)$; 在 $[\sigma,\sigma+\alpha]$ 上, $x^k(t)$ 一致收敛于连续函数 $x(t)$, 所以, 有

$$\begin{aligned}|x(t)-x^k(t)| &= \left|\sum_{n=k+1}^{+\infty}\{x^n(t)-x^{n-1}(t)\}\right|\\ &\leqslant \sum_{n=k+1}^{+\infty}|x^n(t)-x^{n-1}(t)|\\ &\leqslant \sum_{n=k+1}^{+\infty}\frac{M}{L}\frac{(L(t-\sigma))^n}{n!}\\ &\leqslant \frac{M}{L}\sum_{n=k+1}^{+\infty}\frac{(L\alpha)^n}{n!}, \quad \sigma\leqslant t\leqslant\sigma+\alpha.\end{aligned}$$

因而,

$$\begin{aligned}\left|\int_\sigma^t\{f(s,x_s^k)-f(s,x_s)\}\mathrm{d}s\right| &\leqslant \int_\sigma^t|f(s,x_s^k)-f(s,x_s)|\mathrm{d}s\\ &\leqslant L\int_\sigma^t\|x_s^k-x_s\|\mathrm{d}s\\ &\leqslant L\int_\sigma^t\frac{M}{L}\sum_{n=k+1}^{+\infty}\frac{(L(s-\sigma))^n}{n!}\mathrm{d}s\\ &=\frac{M}{L}\sum_{n=k+1}^{+\infty}\frac{L^{n+1}(t-\sigma)^{n+1}}{(n+1)!}\\ &\leqslant \frac{M}{L}\sum_{n=k+2}^{+\infty}\frac{(L\alpha)^n}{n!}, \quad \sigma\leqslant t\leqslant\sigma+\alpha.\end{aligned}$$

这里, 在 $\|x_s-x_s^k\|$ 的估计中, 利用了引理 4.3. 令 $k\to+\infty$, 则对 $\sigma\leqslant t\leqslant\sigma+\alpha$,

一致地有

$$\left|\int_\sigma^t \{f(s,x_s^k)-f(s,x_s)\}\mathrm{d}s\right| \to 0.$$

在等式

$$x^{k+1}(t)=\phi^0(0)+\int_\sigma^t f(s,x_s^k)\mathrm{d}s,\quad \sigma\leqslant t\leqslant \sigma+\alpha$$

两端令 $k\to+\infty$, 便可得到

$$x(t)=\phi^0(0)+\int_\sigma^t f(s,x_s)\mathrm{d}s,\quad \sigma\leqslant t\leqslant \sigma+\alpha.$$

这表明 $x(t)$ 为方程 (4.6) 过 (σ,ϕ^0) 的解.

下面证明解的**唯一性**.

对于解 $x(t)$, 由 x_t 的连续性可知, 存在 τ $(\sigma<\tau\leqslant\sigma+\alpha)$, 使得当 $\sigma\leqslant t\leqslant\tau$ 时, 有 $\|x_t-\phi^0\|\leqslant b/2$. 设 $y(t)$ 是满足 $y_\sigma=\phi^0$ 的其他解. 往证: $y(t)=x(t)$, $\sigma\leqslant t\leqslant\tau$. 这里 $y(t)$ 作为解, 只在其右侧最大存在区间 J 上考虑①.

首先, 证明存在 ρ $(\sigma<\rho\leqslant\tau)$, 使得 $y(t)=x(t)$ $(\sigma\leqslant t\leqslant\rho)$. 事实上, 由 y_t 的连续性可知, 存在 ρ $(\sigma<\rho\leqslant\tau)$, 使得解 $y(t)$ 于 $[\sigma,\rho]$ 上存在, 且满足 $\|y_t-\phi^0\|\leqslant b$. 注意到 $x_\sigma=y_\sigma=\phi^0$, 且当 $\sigma\leqslant s\leqslant\rho$ 时, $(s,x_s),(s,y_s)\in K$. 所以, 有 $|f(s,x_s)-f(s,y_s)|\leqslant L\|x_s-y_s\|$. 因此, 当 $\sigma\leqslant t\leqslant\rho$ 时, 有

$$|x(t)-y(t)|\leqslant\int_\sigma^t|f(s,x_s)-f(s,y_s)|\mathrm{d}s\leqslant L\int_\sigma^t\|x_s-y_s\|\mathrm{d}s.$$

利用引理 4.3, 有

$$\|x_t-y_t\|\leqslant L\int_\sigma^t\|x_s-y_s\|\mathrm{d}s,\quad \sigma\leqslant t\leqslant\rho.$$

进而, 由 Gronwall 引理有 $\|x_t-y_t\|=0$, $\sigma\leqslant t\leqslant\rho$.

设 ρ_1 是使得 $x(t)=y(t)$ $(\sigma\leqslant t\leqslant\rho)$ 成立的 ρ $(\sigma<\rho\leqslant\tau)$ 的上确界. 显然, $\rho_1\leqslant\tau$ 且当 $t\in[\sigma,\rho_1]$ 时, $y(t)=x(t)$. 往证: $\rho_1=\tau$.

不妨设 $\rho_1<\tau$. 于是, $y(t)$ 一定可以继续向 ρ_1 的右侧延拓. 令 $\phi^1:=y_{\rho_1}=x_{\rho_1}$, 则由

$$\sigma<\rho_1<\tau\leqslant\sigma+\alpha,\quad \|\phi^1-\phi^0\|\leqslant b/2$$

可知, (ρ_1,ϕ^1) 为集合 K 的内点. 由于 $f(t,\phi)$ 在此点的邻域内满足 Lipschitz 条件, 设其对应的 Lipschitz 常数为 L. 因而, 存在 $\rho_2>\rho_1$, 使得当 $\rho_1\leqslant t\leqslant\rho_2$ 时, 有 $y(t)=x(t)$. 这与 ρ_1 的定义相矛盾, 所以, 必有 $\rho_1=\tau$. 证毕.

---

① 即在 J 上与 $y(t)$ 一致, 且不存在可以继续向 J 的右侧可延拓的解.

4.4 存在性定理 ——Cauchy 折线法

4.3 节中, 在 Lipschitz 条件之下, 讨论了解的存在性与唯一性. 其实, 若 Lipschitz 条件不满足, 仍可讨论方程 (4.6) 解的存在性问题. 为此, 作如下准备工作.

设 I 为时间 t 的有限区间, G 为定义于 I 上函数 $g(t)$ 的集合, 称 G 是**一致有界**的, 若存在正数 H, 使得对于任意 $g(t) \in G$, 有 $\sup_{t\in I}|g(t)| \leqslant H$ 成立. 此外, 对于任意的 $\varepsilon > 0$, 若存在只依赖于 ε 的正数 $\delta(\varepsilon)$, 使得对于任意的 $g \in G$, 当 $t, \bar{t} \in I$, 且 $|t-\bar{t}| < \delta(\varepsilon)$ 时, 有

$$|g(t) - g(\bar{t})| < \varepsilon$$

成立, 则称 G 在 I 上是**等度连续**的.

下面, 给出熟知的**Ascoli-Arzela定理**①.

定理 4.2 设 I 为有限区间, G 为定义于 I 上函数 $g(t)$ 的无穷集合. 若 G 在 I 上一致有界, 且等度连续, 则在 G 中存在 I 上的一致收敛的函数序列 $\{g^n(t)\}$ $(n = 1, 2, \cdots)$. 也就是说, 在 G 中可以选取出在 I 上一致收敛的函数序列.

现在利用 Cauchy 折线法证明**存在性定理**.

定理 4.3 设 $f(t,\phi)$ 在 D 上连续, 且满足定理 4.1 的条件 (i), (ii), 则在 $[\sigma, \sigma+\alpha]$ 上过 (σ, ϕ^0) 方程 (4.6) 至少存在一个解.

证明 在区间 $I = [\sigma, \sigma+\alpha]$ 中插入分点

$$P : \sigma = t^0 < t^1 < t^2 < \cdots < t^n = \sigma + \alpha.$$

在各个小区间 $I^i = [t^{i-1}, t^i]$ $(i = 1, 2, \cdots, n)$ 定义如下函数 $x : [\sigma - r, \sigma + \alpha] \to E$.

首先, 令 $x(t) = \phi^0(t-\sigma), \sigma - r \leqslant t \leqslant \sigma$. 在区间 I^1 上, 定义

$$x(t) = \phi^0(0) + (t-\sigma)f(\sigma, \phi^0), \quad t \in I^1.$$

由于 $|f(\sigma,\phi)| \leqslant M$, 所以 $x(t)$ 满足 Lipschitz 条件, 且对应的 Lipschitz 常数为 M. 所以, 由定理 4.1 的条件 (ii) 可知, $(t^1, x_{t^1}) \in K$.

在区间 I^2 上, 定义

$$x(t) = x(t^1) + (t-t^1)f(t^1, x_{t^1}), \quad t \in I^2.$$

同样由 $|f(t^1, x_{t^1})| \leqslant M$ 可知, $x(t)$ 满足 Lipschitz 条件, 且对应的 Lipschitz 常数为 M. 再由定理 4.1 的条件 (ii) 可知, $(t^2, x_{t^2}) \in K$. 重复上述步骤, 在最后一个区间

---

① 如参考文献 [37], pp.194—195.

I^n 上, 可定义函数 $x(t)$. 于是, 在 I 上, $x(t)$ 连续, 满足 Lipschitz 条件, 且对应的 Lipschitz 常数为 M. 同时, 对每个 $i=1,2,\cdots,n$, 有

$$x(t)=x(t^{i-1})+\int_{t^{i-1}}^{t} f(t^{i-1},x_{t^{i-1}})\mathrm{d}s,\quad t\in I^i.$$

上述函数的图形在各个小区间上均为直线段, 而在整个区间上是由这些线段构成的 **Cauchy 折线**.

对于区间的分割 P, 设 $\sigma(s)$ 是由每个小区间的左端点的值所确定的函数, 即 $\sigma(s)=t^{i-1}, s\in I^{i-1}, i=1,2,\cdots,n$. 所以, 当 $s\in I^i$ 时, 有 $f(t^{i-1},x_{t^{i-1}})=f(\sigma(s),x_{\sigma(s)})$. 进而, 当 $t\in I^i$ 时, 有

$$\begin{aligned}
x(t)&=x(t^{i-1})+\int_{t^{i-1}}^{t} f(\sigma(s),x_{\sigma(s)})\mathrm{d}s\\
&=x(t^{i-2})+\int_{t^{i-2}}^{t^{i-1}} f(\sigma(s),x_{\sigma(s)})\mathrm{d}s+\int_{t^{i-1}}^{t} f(\sigma(s),x_{\sigma(s)})\mathrm{d}s\\
&=x(t^{i-2})+\int_{t^{i-2}}^{t} f(\sigma(s),x_{\sigma(s)})\mathrm{d}s\\
&=\cdots.
\end{aligned}$$

于是, 有

$$x(t)=x(t^0)+\int_{t^0}^{t} f(\sigma(s),x_{\sigma(s)})\mathrm{d}s,\quad t\in I.$$

对于分割 P, 设对应的小区间最大区间长度为 $|P|$. P_k $(k=1,2,\cdots)$ 表示一系列的分割, 且满足 $|P_k|\to 0$ $(k\to+\infty)$. 对于每个分割 P_k, 定义函数 $x^k(t)$, $\sigma_k(s)$. 显然, 函数序列 $\{x^k(t)\}$ 于 $[\sigma-r,\sigma+\alpha]$ 上一致有界, 且等度连续. 于是, 由 Ascoli-Arzela 定理可知, 存在一致收敛的子序列. 为了方便起见, 不妨设其子序列仍为 $\{x^k(t)\}$, 对应的极限函数为 $u(t)$. 显然, 有 $u_\sigma=\phi^0$. 此外, 注意到

$$\|x^k_{\sigma_k(s)}-u_s\|\leqslant\|x^k_{\sigma_k(s)}-u_{\sigma_k(s)}\|+\|u_{\sigma_k(s)}-u_s\|$$

以及 $\|x^k_{\sigma_k(s)}-u_{\sigma_k(s)}\|\leqslant\sup\{|x^k(t)-u(t)|:t\in I\}$. 所以, 对 $s\in I$, 一致地有 $\|x^k_{\sigma_k(s)}-u_{\sigma_k(s)}\|\to 0$ $(k\to+\infty)$. 又由于 $0\leqslant s-\sigma_k(s)\leqslant|P^k|\to 0$ $(k\to+\infty)$, 所以对 $s\in I$, 一致地有 $\|u_{\sigma_k(s)}-u_s\|\to 0$ $(k\to+\infty)$. 因此, 对 $s\in I$, 一致地有 $\|x^k_{\sigma_k(s)}-u_s\|\to 0$ $(k\to+\infty)$.

由于 $C([-r,0],E)$ 的子集合 $X=\{x^k_t: t\in I, k=1,2,\cdots\}$ 一致有界, 且为等度

连续, 由 Ascoli-Arzela 定理可知, X 为相对紧集. 因而, $I\times\overline{X}\subset K\subset D$, 且 $f(t,\phi)$ 在 $I\times\overline{X}$ 上一致连续. 所以, 对 $s\in I$, 一致地有 $f(\sigma_k(s),x^k_{\sigma_k(s)})\to f(s,u_s)$ $(k\to+\infty)$. 又由于 $x^k(t)$ 满足

$$x^k(t)=\phi^0(0)+\int_\sigma^t f(\sigma_k(s),x^k_{\sigma_k(s)})\mathrm{d}s,\quad t\in I,$$

令 $k\to+\infty$ 时, 得到

$$u(t)=\phi^0(0)+\int_\sigma^t f(s,u_s)\mathrm{d}s,\quad t\in I.$$

这表明 $u(t)$ 为方程 (4.6) 在 I 上满足 $u_\sigma=\phi^0$ 的解. 证毕.

下面用数值模拟来验证 Cauchy 折线收敛于精确解. 考虑方程

$$x'(t)=-1.3x(t-1),$$

初始函数取为 $\phi^0(t)=\dfrac{1}{2}+\dfrac{1}{2}\cos\dfrac{5\pi t}{2}$. $x^1(t)$, $x^3(t)$, $x^5(t)$, $x^9(t)$ 分别表示将区间 $[\sigma,\sigma+\alpha]$ 7 等分, 21 等分, 35 等分, 63 等分时对应的 Cauchy 折线, $u(t)$ 为精确解.

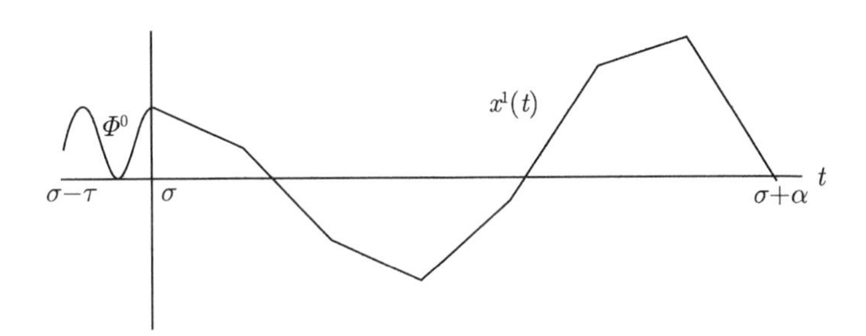

图 4.1 函数 $x^1(t)$ 的图形

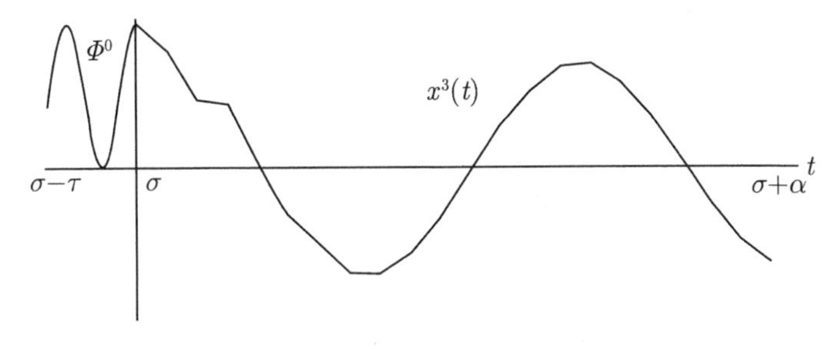

图 4.2 函数 $x^3(t)$ 的图形

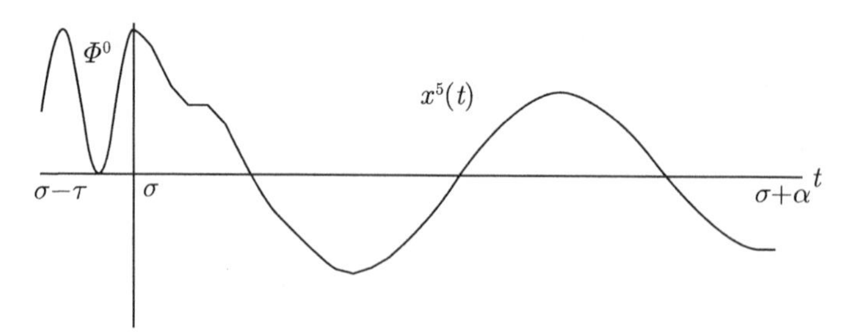

图 4.3　函数 $x^5(t)$ 的图形

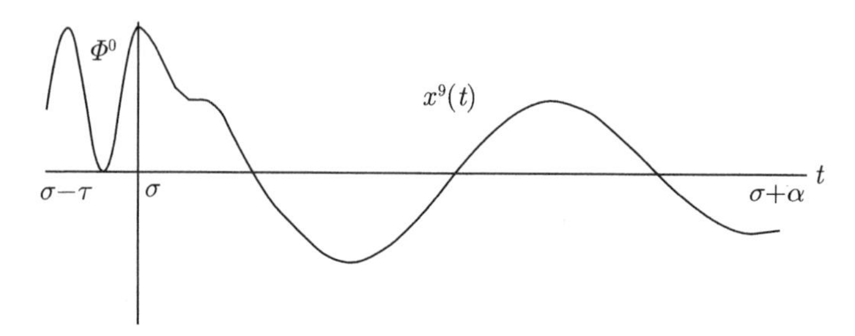

图 4.4　函数 $x^9(t)$ 的图形

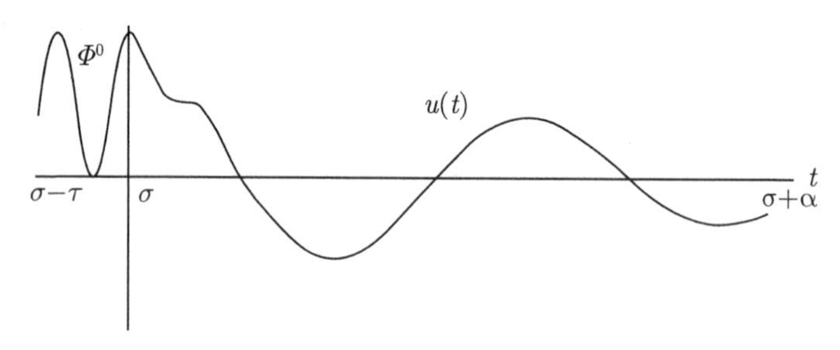

图 4.5　精确解 $u(t)$ 的图形

4.5　解 的 延 拓

4.3 节和 4.4 节中讨论了解的局部存在性. 本节讨论解的延拓问题.

定理 4.4　对于 $a: 0 < a \leqslant +\infty$, 设 $f(t,\phi)$ 为 $[\sigma,\sigma+a)\times C$ 上的连续泛函, 且对于 $t\in[\sigma,\sigma+a)$, 存在非负的连续函数 $M(t), N(t)$ 使得

$$|f(t,\phi)| \leqslant M(t)\|\phi\| + N(t) \tag{4.9}$$

成立, 则方程 (4.6) 过 (σ,ϕ^0) 的解在 $[\sigma,\sigma+a)$ 上存在, 且当 $\sigma\leqslant t<\sigma+a$ 时, 满足不等式:

$$\|x_t\| \leqslant \|\phi^0\| \exp\left\{\int_\sigma^t M(s)\mathrm{d}s\right\} + \int_\sigma^t N(s) \exp\left\{\int_s^t M(r)\mathrm{d}r\right\} \mathrm{d}s.$$

证明 设 $x(t)$ 为方程 (4.6) 过 (σ, ϕ^0) 的解, 其存在区间为 $[\sigma - r, \sigma + \bar{a})$ $(\bar{a} \leqslant a)$, 且不可能再继续向右延拓. 由于

$$x(t) = \begin{cases} \phi^0(t-\sigma), & t \in [\sigma - r, \sigma], \\ \phi^0(0) + \displaystyle\int_\sigma^t f(s, x_s)\mathrm{d}s, & t \in [\sigma, \sigma + \bar{a}), \end{cases}$$

所以, 当 $\sigma - r \leqslant t \leqslant \sigma$ 时, 有 $|x(t)| \leqslant |\phi^0|$. 注意到式 (4.9), 当 $\sigma \leqslant t < \sigma + \bar{a}$ 时, 有

$$\begin{aligned} |x(t)| &\leqslant |\phi^0(0)| + \int_\sigma^t |f(s, x_s)|\mathrm{d}s \\ &\leqslant \|\phi^0\| + \int_\sigma^t \{M(s)\|x_s\| + N(s)\}\mathrm{d}s \\ &= \|\phi^0\| + \int_\sigma^t M(s)\|x_s\|\mathrm{d}s + \int_\sigma^t N(s)\mathrm{d}s. \end{aligned}$$

利用引理 4.3, 得

$$\|x_t\| \leqslant \|\phi^0\| + \int_\sigma^t M(s)\|x_s\|\mathrm{d}s + \int_\sigma^t N(s)\mathrm{d}s.$$

令

$$m(s) = \int_s^t M(r)\mathrm{d}r, \quad n(t) = \int_\sigma^t N(r)\mathrm{d}r,$$

$$f(t) = \|x_t\|, \ g(t) = \|\phi^0\| + n(t), \ \alpha(t) = M(t).$$

由引理 4.2 可知, 当 $t \in [\sigma, \sigma + \bar{a})$ 时, 有

$$\begin{aligned} \|x_t\| &\leqslant \|\phi^0\| + n(t) + \int_\sigma^t \{\|\phi^0\| + n(s)\}M(s)\mathrm{e}^{m(s)}\mathrm{d}s \\ &= \|\phi^0\| \left\{1 + \int_\sigma^t M(s)\mathrm{e}^{m(s)}\mathrm{d}s\right\} + n(t) + \int_\sigma^t n(s)M(s)\mathrm{e}^{m(s)}\mathrm{d}s. \end{aligned}$$

注意到 $M(s)\mathrm{e}^{m(s)} = -\mathrm{d}\mathrm{e}^{m(s)}/\mathrm{d}s$, 由分部积分可得

$$\|x_t\| \leqslant \|\phi^0\|\mathrm{e}^{m(\sigma)} + \int_\sigma^t N(s)\mathrm{e}^{m(s)}\mathrm{d}s, \quad \sigma \leqslant t < \sigma + \bar{a}. \tag{4.10}$$

往证: $\bar{a} = a$. 不妨设 $\bar{a} < a$. 由于式 (4.10) 的右端在区间 $[\sigma, \sigma + \bar{a})$ 上是有界的, 所以, $\|x_t\|$ 在此区间上亦有界. 因此, 由 (4.9) 可知, $|f(s, x_s)|$ 在此区间上亦有界. 于是, 存在正常数 L 满足

$$|f(s, x_s)| \leqslant M(s)\|x_s\| + N(s) \leqslant L, \quad \sigma \leqslant s < \sigma + \bar{a}.$$

因而, 有

$$|x(t_1)-x(t_2)|\leqslant L|t_1-t_2|,\quad \sigma\leqslant t_1,t_2<\sigma+\bar{a}.$$

由此得到极限 $\lim_{t\to\sigma+\bar{a}-0}x(t)$ 存在, 且 $x(t)$ 可连续地延拓到区间的右端点 $\tau:=\sigma+\bar{a}$. 由于 $\bar{a}<a$, (τ,x_τ) 为 $f(t,\phi)$ 定义域的内点, 利用 4.4 节中的解的存在性定理, 可知解 $x(t)$ 向 τ 的右侧可继续延拓. 这显然是一个矛盾. 所以, 必有 $\bar{a}=a$. 证毕.

推论 4.2　设 $f(t,\phi)$ 在 $[\sigma,\sigma+a)\times C$ 上连续, 且存在连续函数 $M(t)$ 使得

$$|f(t,\phi)-f(t,\psi)|\leqslant M(t)\|\phi-\psi\|,\quad \sigma\leqslant t<\sigma+a,\ \ \phi,\psi\in C$$

成立, 则方程 (4.6) 过 (σ,ϕ^0) 的解 $x(t)$ 于 $[\sigma,\sigma+a)$ 上存在唯一, 且满足不等式:

$$\|x_t\|\leqslant\|\phi^0\|\exp\left\{\int_\sigma^t M(s)\mathrm{d}s\right\}+\int_\sigma^t|f(s,0)|\exp\left\{\int_s^t M(r)\mathrm{d}r\right\}\mathrm{d}s.$$

证明　令 $N(t)=|f(t,0)|$, 则定理 4.4 的条件 (4.9) 成立. 因此, 在 $[\sigma,\sigma+a)$ 上解存在. 至于解的唯一性, 可由 Bellman-Gronwall 引理推得. 证毕.

4.6　解对初值的连续性

解对初值的连续性的讨论仅是在解的唯一性前题下进行的. 所以, 为了方便起见, 以下总假设 Lipschitz 条件成立.

设 $f(t,\phi)$ 为 $\mathbf{R}\times C$ 中的开集 D 上的连续泛函. 定义 $\|f\|_D$ 为

$$\|f\|_D=\sup\{|f(t,\phi)|:(t,\phi)\in D\}.$$

定理 4.5　设 $f(t,\phi)$ 与 $g(t,\phi)$ 为定义于 D 上的连续泛函, 且初值问题

$$x'(t)=f(t,x_t),\quad x_\sigma=\phi^0,$$

$$y'(t)=g(t,y_t),\quad y_\sigma=\psi^0$$

的解 $x(t)$ 与 $y(t)$ 均至少在 $t\in[\sigma,\sigma+a)$ 上存在. 若 $f(t,\phi)$ 满足 Lipschitz 条件 (4.5), 且 $\|f-g\|_D<+\infty$, 则

$$\|x_t-y_t\|\leqslant\|\phi^0-\psi^0\|\mathrm{e}^{L(t-\sigma)}+\|f-g\|_D\frac{\mathrm{e}^{L(t-\sigma)}-1}{L}.\tag{4.11}$$

证明　由于

$$x(t)=\phi^0(0)+\int_\sigma^t f(s,x_s)\mathrm{d}s,\quad y(t)=\psi^0(0)+\int_\sigma^t g(s,y_s)\mathrm{d}s,$$

所以, 有

$$\begin{aligned}|x(t)-y(t)|=&|\phi^0(0)-\psi^0(0)+\int_\sigma^t f(s,x_s)\mathrm{d}s-\int_\sigma^t g(s,y_s)\mathrm{d}s|\\ \leqslant&|\phi^0(0)-\psi^0(0)|+\int_\sigma^t|f(s,x_s)-f(s,y_s)|\mathrm{d}s\\ &+\int_\sigma^t|f(s,y_s)-g(s,y_s)|\mathrm{d}s\\ \leqslant&|\phi^0(0)-\psi^0(0)|+\int_\sigma^t\{L\|x_s-y_s\|+\|f-g\|_D\}\mathrm{d}s.\end{aligned}$$

利用引理 4.3, 得

$$\|x_t-y_t\|\leqslant\|\phi^0-\psi^0\|+\int_\sigma^t\{L\|x_s-y_s\|+\|f-g\|_D\}\mathrm{d}s. \tag{4.12}$$

由 Bellman-Gronwall 引理可知不等式 (4.11) 成立. 证毕.

若在定理 4.5 中, 令 $f(t,\phi)=g(t,\phi)$, 则 $\|f-g\|_D=0$. 所以, 由 (4.12) 有如下解对初值的连续依赖性结论, 即推论 4.3.

推论 4.3 若 $f(t,\phi)$ 满足定理 4.3 的条件, 则对任意的 $\varepsilon>0$, 存在正数 $\delta(\varepsilon)$, 使得当 $\|\phi-\psi\|<\delta(\varepsilon)$ 时, 有

$$|x(t)-y(t)|\leqslant\|x_t-y_t\|<\varepsilon,\quad t\in[\sigma,\sigma+a)$$

成立, 其中 $x(t)$, $y(t)$ 分别表示方程 (4.6) 过 (σ,ϕ), (σ,ψ) 的解.

练习 4.5 设 Y 为 Banach 空间 X 的闭子集. 若 Y 上的映射 T 满足条件

$$^\exists K(0<K<1):\ \|Ty-Tz\|\leqslant K\|y-z\|\quad(y,z\in Y),$$

则称 T 为**压缩映射**. 因而, T 存在唯一的**不动点** z, 即满足 $Tz=z$. 试用压缩映射证明定理 4.1 中解的唯一性.

第 5 章　线性泛函微分方程

本章中, 首先对常系数线性常微分方程解的结构进行简要概述. 然后, 介绍采用强连续半群的方法, 将线性常微分方程的有关理论推广到线性泛函微分方程.

5.1　常系数线性常微分方程组

首先, 回顾利用矩阵指数函数的形式表示常系数 n 维线性方程组的解. 设 $\mathbf{C}^n$ 为由 n 维复数列向量的全体构成的复数线性空间. 对于 $x, y \in \mathbf{C}^n$, x_i, y_i 分别表示 x, y 的第 i 个分量, 则 $\langle x, y\rangle = x_1\,\overline{y}_1 + x_2\,\overline{y}_2 + \cdots + x_n\,\overline{y}_n$ 称为 x, y 的内积, 这里 $\overline{y}_i$ 为 y_i 的共轭复数. $|x| = \sqrt{\langle x, x\rangle}$ 称为 x 的 (二次) 模. 这时, 熟知的 Cauchy-Schwarz 不等式 $|\langle x, y\rangle| \leqslant |x||y|$ 成立.

对于 $m \times n$ 阶复数矩阵 $A = (a_{ij})_{m\times n}$, 矩阵 A 与向量 x 的积 $y = Ax$ 为 m 维的复数向量, 且由 Cauchy-Schwarz 不等式容易证明 $|y| \leqslant |A||x|$, 这里

$$|A| = \sqrt{\sum_{ij} |a_{ij}|^2}.$$

此外, 对于复数 c, 矩阵 A, B, 有下列不等式成立:

$$|cA| = |c||A|, \quad |A + B| \leqslant |A| + |B|, \quad |AB| \leqslant |A||B|.$$

练习 5.1　证明上述不等式.

对于矩阵序列 $\{A^n\}$, 若对应的每个元素序列 $\{a_{ij}^n\}$ 收敛于 a_{ij}, 则称 $\{A^n\}$ 收敛于 A, 这又等价于 $|A^n - A| \to 0 \ (n \to +\infty)$.

考虑系数矩阵为 n 阶方阵 A 的常系数线性微分方程组

$$x'(t) = Ax(t). \tag{5.1}$$

由于 $|Ax - Ay| \leqslant |A||x - y|$, 所以, 方程 (5.1) 的右端的函数满足 Lipschtiz 条件. 任给向量 a, 方程 (5.1) 满足初始条件 $x(0) = a$ 的解 $x(t, a)$ 于 $t \in \mathbf{R}$ 上存在且唯一. 利用 4.3 节中的 Picard 逐次逼近法, 并注意到 $x^0(t) = a$, 可得近似函数列 $\{x^n(t)\}$ 为

$$x^n(t) = \sum_{k=0}^{n} \frac{1}{k!} t^k A^k a = \left(\sum_{k=0}^{n} \frac{1}{k!} t^k A^k\right) a.$$

上述函数序列在 $\mathbf{R}$ 的任意有界闭区间上一致地收敛于 $x(t,a)$:

$$x(t,a)=\sum_{k=0}^{+\infty}\frac{1}{k!}t^kA^ka=\left(\sum_{k=0}^{+\infty}\frac{1}{k!}t^kA^k\right)a. \tag{5.2}$$

分别令 a 为单位矩阵 E 的第 j 列 e_j, 由 (5.2) 有

$$x(t,e_j)=\sum_{k=0}^{+\infty}\frac{1}{k!}t^kA^ke_j=\left(\sum_{k=0}^{+\infty}\frac{1}{k!}t^kA^k\right)e_j.$$

于是, 矩阵级数 $\sum_{k=0}^{+\infty}(1/k!)t^kA^k$ 在 $\mathbf{R}$ 的任意有界闭区间上一致收敛, 且收敛极限函数记为 e^{tA} 或 $\exp(tA)$. 特别当 $t=1$ 时,

$$\mathrm{e}^A=\exp(A)=\sum_{k=0}^{+\infty}\frac{1}{k!}A^k.$$

所以, (5.2) 可表示为 $x(t,a)=\mathrm{e}^{tA}a$.

由于 $x'(t)=Ax(t)$, 所以 $\mathrm{e}^{tA}a$ 可导, 且 $(\mathrm{d}/\mathrm{d}t)\mathrm{e}^{tA}a=A\mathrm{e}^{tA}a$. 因此, $(\mathrm{d}/\mathrm{d}t)\mathrm{e}^{tA}=A\mathrm{e}^{tA}$. 注意到 e^{tA} 的级数表示, 有 $A\mathrm{e}^{tA}=\mathrm{e}^{tA}A$. 因而, 有

$$\frac{\mathrm{d}}{\mathrm{d}t}\mathrm{e}^{tA}=A\mathrm{e}^{tA}=\mathrm{e}^{tA}A.$$

练习 5.2 验证 $(\mathrm{d}/\mathrm{d}t)\mathrm{e}^{tA}\mathrm{e}^{tB}=A\mathrm{e}^{tA}\mathrm{e}^{tB}+\mathrm{e}^{tA}B\mathrm{e}^{tB}$. 并证明: 当 $AB=BA$ 时, 有 $\mathrm{e}^A\mathrm{e}^B=\mathrm{e}^{A+B}$.

对于方程 (5.1) 的解 $x(t,a)$ 的模, 容易知道有不等式:

$$|x(t,a)|=\left|\sum_{k=0}^{+\infty}\frac{1}{k!}t^kA^ka\right|\leqslant\sum_{k=0}^{+\infty}\frac{1}{k!}|t|^k|A|^k|a|=\mathrm{e}^{|t||A|}|a|.$$

下面进一步考虑解的估计. 首先, 证明解 $x(t,a)$ 可以表示为指数函数与多项式的乘积. 为此, 回顾特征值与特征空间的知识. 给定 $m\times n$ 阶矩阵 T, 对应的像与核分别为

$$R(T)=\{Tx:x\in\mathbf{C}^n\},\quad N(T)=\{x:Tx=0\}.$$

$f_A(\lambda)=\det(\lambda E-A)$ 表示 n 阶方阵 A 的特征多项式, 相应的因式分解为

$$f_A(\lambda)=(\lambda-\lambda_1)^{m_1}(\lambda-\lambda_2)^{m_2}\cdots(\lambda-\lambda_p)^{m_p},$$

这里 $\lambda_i\,(i=1,2,\cdots,p)$ 互不相同, 且 $m_1+m_2+\cdots+m_p=n$. 同时, 有包含关系 $N((A-\lambda_iE)^k)\subset N((A-\lambda_iE)^{k+1})\,(k=1,2,\cdots)$ 成立. 此外, 对于 $k_i\,(1\leqslant k_i\leqslant m_i)$,

当 $k < k_i$ 时, 上述包含关系为真包含关系. 而当 $k \geqslant k_i$ 时, 上述包含关系中的等号成立, 即有

$$N_i := \bigcup_{k=1}^{+\infty} N((A-\lambda_i E)^k) = N((A-\lambda_i E)^{k_i}) = N((A-\lambda_i E)^{m_i}).$$

N_i 称为是 λ_i 的**一般特征空间**. 于是, 有如下的直和分解成立:

$$\mathbf{C}^n = N_1 \oplus N_2 \oplus \cdots \oplus N_p, \quad \dim N_i = m_i.$$

关于 k_i 的值以及与直和分解对应投影 $P_i : \mathbf{C}^n \to N_i$ 的求法, 将在本节末说明.

令 $f_i(\lambda) = f_A(\lambda)/(\lambda-\lambda_i)^{m_i}$, 则由 Euclid 除法可知, 存在多项式 $g_1(\lambda), \cdots, g_p(\lambda)$ 满足 $g_1(\lambda)f_1(\lambda) + \cdots + g_p(\lambda)f_p(\lambda) = 1$. 所以, 有 $P_i = g_i(A)f_i(A)$. 建议读者回顾线性代数教科书中熟知的 Caylay-Hamilton 定理①:

$$f_A(A) = (A-\lambda_1 E)^{m_1}(A-\lambda_2 E)^{m_2}\cdots(A-\lambda_p E)^{m_p} = O.$$

练习 5.3 考虑如下的 4×4 阶矩阵 A:

$$A = \begin{pmatrix} A_1 & O \\ O & A_2 \end{pmatrix}, \quad 其中 \ A_1 = \begin{pmatrix} 1 & 0 \\ 0 & 1 \end{pmatrix}, \quad A_2 = \begin{pmatrix} 2 & 1 \\ 0 & 2 \end{pmatrix}.$$

这时, $f_A(\lambda) = (\lambda-1)^2(\lambda-2)^2$. 试验证 $k_1 = 1 < 2 = m_1$, $k_2 = 2 = m_2$, 并求 N_1, N_2.

利用投影的性质, 对 $a \in \mathbf{C}^n$, 有分解 $a = P_1 a + P_2 a + \cdots + P_p a$. 所以, 方程 (5.1) 的解 $x(t,a)$ 可以分解为

$$x(t,a) = \sum_{i=1}^{p} x(t, P_i a) = \sum_{i=1}^{p} \mathrm{e}^{tA} P_i a.$$

定理 5.1 对于 $\mathbf{C}^n$ 和 A 的一般特征空间直和分解, P_i 为对应的第 i 个子空间投影, 则

$$\mathrm{e}^{tA} = \sum_{i=1}^{p} \mathrm{e}^{t\lambda_i} \sum_{k=0}^{k_i-1} \frac{1}{k!} t^k (A-\lambda_i E)^k P_i, \tag{5.3}$$

其中, 右端的系数矩阵 $(A-\lambda_i E)^k P_i$ 均不为零矩阵.

证明 只要考虑各个分量 $\mathrm{e}^{tA}P_i$ 即可. 注意到

$$\mathrm{e}^{tA} = \exp(t\lambda_i E + t(A-\lambda_i E)) = \mathrm{e}^{t\lambda_i}\exp(t(A-\lambda_i E)),$$

① 如参考文献 [35] 的 1.5, 4.2 节.

有

$$\mathrm{e}^{tA}P_i = \mathrm{e}^{t\lambda_i}\sum_{k=0}^{+\infty}\frac{1}{k!}t^k(A-\lambda_i E)^k P_i.$$

又由于当 $k \geqslant k_i$ 时, $(A-\lambda_i E)^k P_i = 0$. 于是, 可知 (5.3) 成立. 此外, 注意到前面关于 k_i 的讨论可知, 矩阵 $(A-\lambda_i E)^k P_i\,(0 \leqslant k \leqslant k_i - 1)$ 不为零矩阵. 证毕.

用 $\sigma(A)$ 表示 A 的全部特征值.

定理 5.2 设

$$\alpha = \min\{\mathrm{Re}\,\lambda_i : \lambda_i \in \sigma(A)\}, \quad \omega = \max\{\mathrm{Re}\,\lambda_i : \lambda_i \in \sigma(A)\}, \tag{5.4}$$

则对任意的常数 $\varepsilon > 0$, 存在常数 $M_\varepsilon > 0$, 使得满足

$$|x(t,a)| = |\mathrm{e}^{tA}a| \leqslant M_\varepsilon \mathrm{e}^{t(\omega+\varepsilon)}|a|, \quad t > 0,$$

$$|x(t,a)| = |\mathrm{e}^{tA}a| \leqslant M_\varepsilon \mathrm{e}^{t(\alpha-\varepsilon)}|a|, \quad t < 0. \tag{5.5}$$

证明 令 $a_i = P_i a$. 注意到 $|\exp(t\lambda_i)| = \exp(t\mathrm{Re}\,\lambda_i)$, 有

$$|x(t,a_i)| \leqslant \sum_{k=0}^{k_i-1}\mathrm{e}^{t\mathrm{Re}\,\lambda_i}\frac{t^k}{k!}|(A-\lambda_i E)^k P_i||a|.$$

对于 $t > 0$ 的情形, 由于 $\exp(t\mathrm{Re}\,\lambda_i) \leqslant \exp(t\omega)$, 且

$$\exp(t\omega) = \exp(t(\omega+\varepsilon))\exp(-t\varepsilon).$$

所以, 有

$$|x(t,a_i)| \leqslant \mathrm{e}^{t(\omega+\varepsilon)}\sum_{k=0}^{k_i-1}\mathrm{e}^{-t\varepsilon}\frac{t^k}{k!}|(A-\lambda_i E)^k P_i||a|.$$

注意到 $\mathrm{e}^{t\varepsilon} > t^k\varepsilon^k/k!$, 有 $\mathrm{e}^{-t\varepsilon}t^k/k! < \varepsilon^{-k}$. 因此,

$$|x(t,a_i)| \leqslant \mathrm{e}^{t(\omega+\varepsilon)}\sum_{k=0}^{k_i-1}\varepsilon^{-k}|(A-\lambda_i E)^k P_i||a|.$$

令

$$M_\varepsilon = \sum_{i=1}^{p}\sum_{k=0}^{k_i-1}\varepsilon^{-k}|(A-\lambda_i E)^k P_i|,$$

则可知 (5.5) 的第一个不等式成立. 类似可以证明另一个不等式成立. 证毕.

同样, 有下面的定理成立.

定理 5.3　设 α, ω 如 (5.4) 所设, c 满足 $\alpha < c < \omega$, 且 A 的特征值不满足 $\mathrm{Re}\,\lambda = c$. 又设

$$\sigma_1(A) := \{\lambda_i : \mathrm{Re}\,\lambda_i < c\}, \quad \sigma_2(A) := \{\lambda_i : \mathrm{Re}\,\lambda_i > c\}$$

均不为空集. W_i 为对应于 $\sigma_i(A)$ $(i = 1, 2)$ 的一般特征空间直和分解, 即 $\mathbf{C}^n = W_1 \oplus W_2$. 对于满足

$$0 < \varepsilon < c - \max\{\mathrm{Re}\,\lambda_i : \lambda_i \in \sigma_1(A)\},$$

$$0 < \varepsilon < \min\{\mathrm{Re}\,\lambda_i : \lambda_i \in \sigma_2(A)\} - c$$

的任意常数 ε, 存在常数 $M_\varepsilon^1 > 0$, $M_\varepsilon^2 > 0$ 使得

$$|x(t, b_1)| = |\mathrm{e}^{tA} b_1| \leqslant M_\varepsilon^1 \mathrm{e}^{t(c-\varepsilon)} |b_1|, \quad t > 0, \ \ b_1 \in W_1,$$

$$|x(t, b_2)| = |\mathrm{e}^{tA} b_2| \leqslant M_\varepsilon^2 \mathrm{e}^{t(c+\varepsilon)} |b_2|, \quad t < 0, \ \ b_2 \in W_2 \tag{5.6}$$

成立.

练习 5.4　证明定理 5.3.

若在定理 5.3 中, 特别地令 $c = 0$, 由 (5.6) 可得

$$|x(t, b_1)| = |\mathrm{e}^{tA} b_1| \leqslant M_\varepsilon^1 \mathrm{e}^{-t\varepsilon} |b_1|, \quad t > 0, \ \ b_1 \in W_1,$$

$$|x(t, b_2)| = |\mathrm{e}^{tA} b_2| \leqslant M_\varepsilon^2 \mathrm{e}^{t\varepsilon} |b_2|, \quad t < 0, \ \ b_2 \in W_2.$$

W_1 称为原点的**稳定流**, 而 W_2 称为原点的**不稳定流**.

最后, 为了考虑 e^{tA} 的 Laplace 变换, 先回顾如下公式:

$$\int_0^{+\infty} \mathrm{e}^{-\mu t} \frac{t^k}{k!} \mathrm{d}t = \frac{1}{\mu^{k+1}}, \quad \mathrm{Re}\,\mu > 0, \quad k = 0, 1, 2, \cdots. \tag{5.7}$$

定理 5.4　如下的 Laplace 公式成立:

$$\int_0^{+\infty} \mathrm{e}^{-t\lambda} \mathrm{e}^{tA} \mathrm{d}t = (\lambda E - A)^{-1}, \quad \mathrm{Re}\,\lambda > \omega, \tag{5.8}$$

其中

$$(\lambda E - A)^{-1} = \sum_{i=1}^{p} \sum_{k=1}^{k_i} \frac{1}{(\lambda - \lambda_i)^k} (A - \lambda_i E)^{k-1} P_i, \quad \lambda \notin \sigma(A). \tag{5.9}$$

证明　注意到

$$\frac{\mathrm{d}}{\mathrm{d}t} \mathrm{e}^{-t(\lambda E - A)} = -(\lambda E - A) \mathrm{e}^{-t(\lambda E - A)},$$

则对任意的向量 $a \in \mathbf{C}^n$, 有

$$(\lambda E - A)\int_0^r \mathrm{e}^{-t\lambda}\mathrm{e}^{tA}a\mathrm{d}t = (E - \mathrm{e}^{-r(\lambda E - A)})a.$$

因此, 当 λ 不为 A 的特征值时, 有

$$\int_0^r \mathrm{e}^{-t\lambda}\mathrm{e}^{tA}\mathrm{d}t\, a = (\lambda E - A)^{-1}(E - \mathrm{e}^{-r(\lambda E - A)})a.$$

由定理 5.2 可知, 当 $\mathrm{Re}\,\lambda > \omega$ 时, 有 $\lim\limits_{r\to+\infty}|\mathrm{e}^{-r(\lambda E - A)}a| = 0$. 所以, (5.8) 成立.

此外, 由 (5.7) 可知, 当 $\mathrm{Re}\,\lambda > \omega$ 时, (5.3) 右端的 Laplace 变换是收敛的, 且收敛于 (5.9) 右端的值. 于是, 注意到 (5.8), 便知当 $\mathrm{Re}\,\lambda > \omega$ 时, (5.9) 成立. 但是, 由于两端当 $\lambda \notin \sigma(A)$ 时是正则的, 由一致性定理可知, (5.9) 在给定的全部区域成立. 证毕.

利用逆矩阵的余因子表示定理, $(\lambda E - A)^{-1}$ 展开式的每一项可以用 λ 的有理函数来计算. 由于有理函数可以唯一地分解为部分分式, 所以, 有如下的结论.

推论 5.1 矩阵 $(\lambda E - A)^{-1}$ 展开为 λ 的有理函数部分分式时, $(\lambda E - A)^{-1}$ 的极点 λ_i 的阶数为定理 5.1 中的 k_i, 且 $(\lambda - \lambda_i)^{-1}$ 的系数矩阵为 P_i.

例 5.1 对于二维微分方程

$$x'(t) = Ax(t), \tag{5.10}$$

其中

$$A = \begin{pmatrix} a & b \\ c & d \end{pmatrix} \neq 0, \quad a + d = 0, \quad ad - bc = 0,$$

求其通解.

事实上, $(\lambda E - A)^{-1}$ 的部分分式分解为

$$\begin{aligned}\begin{pmatrix} \lambda - a & -b \\ -c & \lambda - d \end{pmatrix}^{-1} &= \frac{1}{\lambda^2}\begin{pmatrix} \lambda - d & b \\ c & \lambda - a \end{pmatrix} \\ &= \frac{1}{\lambda^2}\begin{pmatrix} -d & b \\ c & -a \end{pmatrix} + \frac{1}{\lambda}\begin{pmatrix} 1 & 0 \\ 0 & 1 \end{pmatrix}.\end{aligned}$$

所以, $(\lambda E - A)^{-1}$ 的极点只有 $\lambda = 0$, 且是二阶的. 对应于 $\lambda = 0$, 一般特征空间的投影为 $1/\lambda$ 的系数矩阵 E, 即整个空间为对应于 $\lambda = 0$ 的一般特征空间. 于是, 有

$$\mathrm{e}^{tA} = \mathrm{e}^{t0}(E + t(A - 0E)) = \begin{pmatrix} 1 + ta & tb \\ tc & 1 + td \end{pmatrix}.$$

因此, (5.10) 满足 $x(0)=x_0$, $y(0)=y_0$ 的解为

$$x(t)=(1+ta)x_0+tby_0=x_0+t(ax_0+by_0),$$

$$y(t)=tcx_0+(1+td)y_0=y_0+t(cx_0+dy_0).$$

此外, 满足条件

$$ax_0+by_0=cx_0+dy_0=0$$

(x_0,y_0) 的集合 $M:=N(A)$ 为一维子空间.

若 $(x_0,y_0)\in M$, 则对应的解满足 $(x(t),y(t))\equiv(x_0,y_0)$, 即为常数解. 若 $(x_0,y_0)\notin M$, 则对应的解 $(x(t),y(t))$ 表示与 M 平行的等速直线运动.

练习 5.5 对于上述给定的矩阵 A, 验证 $A^2=O$.

5.2 线性自治泛函微分方程指数函数的解

线性自治常微分方程的解可以表示为指数函数与多项式乘积的有限和. 本节考虑线性泛函微分方程

$$x'(t)=L(x_t) \tag{5.11}$$

是否具有同样的性质.

设 x 是 d 维复向量, L 是方程解的相空间 $C([-r,0],\mathbf{C}^d)$ 到空间 $\mathbf{C}^d$ 的线性映射. 相空间 $C([-r,0],\mathbf{C}^d)$ 为无穷维空间, 对属于此空间的任意函数作为初始函数, 方程的解存在且唯一. 所以, 方程 (5.11) 解的全体构成的解空间仍是无穷维空间. 一般来说, 将方程 (5.11) 的解表示为一定的有限和形式是不可能的. 首先, 寻找指数函数形式的解.

设 λ 是复数, $a\in\mathbf{C}^d$ 是向量. 下面分析将函数 $x(t)=\mathrm{e}^{\lambda t}a$ 代入方程 (5.11). t-切片为

$$x_t(\theta)=\mathrm{e}^{\lambda(t+\theta)}a=\mathrm{e}^{\lambda t}\mathrm{e}^{\lambda\theta}a,\quad -r\leqslant\theta\leqslant 0.$$

为了方便起见, 引入以下记号. 对于相空间 $C([-r,0],\mathbf{C}^d)$, 定义函数 $\varepsilon_\lambda\otimes a$:

$$(\varepsilon_\lambda\otimes a)(\theta)=\mathrm{e}^{\lambda\theta}a,\quad -r\leqslant\theta\leqslant 0.$$

所以, $x_t=\mathrm{e}^{\lambda t}\varepsilon_\lambda\otimes a$. 将 $x(t)=\mathrm{e}^{\lambda t}a$ 代入到方程 (5.11) 中, 并注意到 L 为线性算子, 可得

$$\lambda\mathrm{e}^{\lambda t}a=L(\mathrm{e}^{\lambda t}\varepsilon_\lambda\otimes a)=\mathrm{e}^{\lambda t}L(\varepsilon_\lambda\otimes a).$$

所以, 当 λ, a 满足

$$\lambda a-L(\varepsilon_\lambda\otimes a)=0$$

时, $x(t) = \mathrm{e}^{\lambda t}a$ 为方程 (5.11) 的解.

定义 $\mathbf{C}^d$ 上的线性映射 $\Delta(\lambda)$, L_λ 为

$$\Delta(\lambda)a = (\lambda E - L_\lambda)a, \quad L_\lambda a = L(\varepsilon_\lambda \otimes a), \quad a \in \mathbf{C}^d,$$

则 λ, a 满足条件 $\Delta(\lambda)a = 0$. 显然, $x(t) = \mathrm{e}^{\lambda t}a$ 为非零解的条件为 $a \neq 0$, 这又等价于 $\mathbf{C}^d$ 上的线性映射 $\Delta(\lambda)$ 具有非平凡的核. 若将 $\Delta(\lambda)$ 视为矩阵, 则 λ 满足的条件为 $\det \Delta(\lambda) = 0$. 所以, $\Delta(\lambda)$ 称为方程 (5.11) 的**特征矩阵**, $\det \Delta(\lambda) = 0$ 称为**特征方程**, 对应的根称为**特征根**.

算子 L 可以用有界变差矩阵函数 $\eta(\theta)$ 表示为

$$\Delta(\lambda) = \lambda E - \int_{-r}^{0} \mathrm{e}^{\lambda\theta}\mathrm{d}\eta(\theta).$$

归纳上述讨论, 有如下的结论.

定理 5.5 若 $x(t) = \mathrm{e}^{\lambda t}a$ 为方程 (5.11) 的非平凡解, 则 λ 为特征根, 且 a 满足 $\Delta(\lambda)a = 0\,(a \neq 0)$.

定理 5.6(参考 2.1 节) 特征根 $\lambda = u + \mathrm{i}v$ 位于如下的区域:

$$u \geqslant 0, \quad \sqrt{u^2+v^2} \leqslant \|L\| \quad \text{或} \quad u < 0, \quad \sqrt{u^2+v^2} \leqslant \mathrm{e}^{r|u|}\|L\|.$$

证明 若 $\lambda \neq 0$, 则 $\Delta(\lambda)$ 可以变形为 $\Delta(\lambda) = \lambda(E - \lambda^{-1}L_\lambda)$. 因此, 当 $|\lambda|^{-1}\|L_\lambda\| < 1$ 时, $\Delta(\lambda)$ 为正则矩阵, 且

$$\Delta^{-1}(\lambda) = \lambda^{-1}\sum_{n=0}^{+\infty}\lambda^{-n}L_\lambda^n = \sum_{n=0}^{+\infty}\lambda^{-n-1}L_\lambda^n.$$

若 $\mathrm{Re}\,\lambda \geqslant 0$, 则对 $a \in \mathbf{C}^d$, 有 $|\varepsilon_\lambda \otimes a| \leqslant |a|$, $|L_\lambda a| \leqslant \|L\||a|$. 所以, $\|L_\lambda\| \leqslant \|L\|$. 故当 $|\lambda| > \|L\|$ 时, 有 $|\lambda|^{-1}\|L_\lambda\| < 1$.

此外, 若 $\mathrm{Re}\,\lambda < 0$, 则对 $a \in \mathbf{C}^d$, 有 $|\varepsilon_\lambda \otimes a| \leqslant \mathrm{e}^{-r\mathrm{Re}\lambda}|a|$, 且 $|L_\lambda a| \leqslant \|L\|\mathrm{e}^{-r\mathrm{Re}\lambda}|a|$. 若令 $\mathrm{Re}\,\lambda = u$, $\mathrm{Im}\,\lambda = v$, 则有 $\|L_\lambda\| \leqslant \mathrm{e}^{r|u|}\|L\|$. 故当 $\sqrt{u^2+v^2} > \mathrm{e}^{r|u|}\|L\|$ 时, 有 $|\lambda|^{-1}\|L_\lambda\| < 1$.

由以上的分析可知, 当 $\mathrm{Re}\,\lambda \geqslant 0$ 时, 特征根分布在半圆 $H := \{\lambda : \mathrm{Re}\,\lambda \geqslant 0, |\lambda| \leqslant \|L\|\}$ 的内部. 当 $\mathrm{Re}\,\lambda < 0$ 时, 特征根分布在区域

$$D := \{\lambda = u + \mathrm{i}v : u < 0, \sqrt{u^2+v^2} \leqslant \mathrm{e}^{r|u|}\|L\|\}$$

的内部. 证毕.

令 $\rho := \|L\|$, 则条件 $\sqrt{u^2+v^2} \leqslant \mathrm{e}^{r|u|}\|L\|$ 可以化为

$$v^2 \leqslant \mathrm{e}^{2r|u|}\rho^2 - u^2 = \mathrm{e}^{2r|u|}(\rho^2 - \mathrm{e}^{-2r|u|}u^2).$$

由于 $\mathrm{e}^{2r|u|}\rho^2 - u^2 \leqslant \mathrm{e}^{2r|u|}\rho^2$, 有

$$D \subset E := \{\lambda = u + \mathrm{i}v : u < 0, |v| \leqslant \mathrm{e}^{r|u|}\|L\|\}.$$

令 $f(t) = \rho^2 - \mathrm{e}^{-2rt}t^2$, $t > 0$, 则 $f'(t) = 2rt\mathrm{e}^{-2rt}(t - 1/r)$. 所以, $f(t)$ 有极小值 $f(1/r) = \rho^2 - 1/(r\mathrm{e})^2$. 若 $r\rho \geqslant 1/\mathrm{e}$, 则 $f(1/r) \geqslant 0$. 若 $r\rho < 1/\mathrm{e}$, 则 $f(1/r) < 0$, $f(t) = 0$ 具有两个根 $0 < \alpha < \beta$, 且当 $\alpha < t < \beta$ 时, 有 $f(t) < 0$. 于是, 不等式

$$v^2 \leqslant \mathrm{e}^{2r|u|}(\rho^2 - \mathrm{e}^{-2r|u|}u^2)$$

在 $-\beta < u < -\alpha$ 上不成立. 这表明在此带状区域满足 $u = \mathrm{Re}\,\lambda < 0$ 的特征根不存在. 注意到

$$\mathrm{e}^{2rt}f(t) = \mathrm{e}^{2rt}\rho^2 - t^2 = (\mathrm{e}^{rt}\rho - t)(\mathrm{e}^{rt}\rho + t),$$

可知 $f(t)$ 的零点为方程 $\rho\mathrm{e}^{rt} = t$ 的解. 所以, 当 $r\rho < 1/\mathrm{e}$ 时, $0 < \alpha < \beta$ 为方程的实数解. 固定 $\rho = \|L\|$, 令 $r \to 0+$, 有 $\alpha \to \rho + 0$, $\beta \to +\infty$. 若固定 r, 令 $\rho \to 0+$, 有 $\alpha \to 0+$, $\beta \to +\infty$.

下面考虑将解表示为指数函数与多项式乘积形式的问题. 令

$$x(t) = \mathrm{e}^{\lambda t}\sum_{k=0}^{n}\frac{t^k}{k!}a_k, \tag{5.12}$$

对应的 t-切片为

$$x(t+\theta) = \mathrm{e}^{\lambda(t+\theta)}\sum_{k=0}^{n}\frac{(t+\theta)^k}{k!}a_k = \mathrm{e}^{\lambda t}\mathrm{e}^{\lambda\theta}\sum_{k=0}^{n}\frac{(t+\theta)^k}{k!}a_k.$$

由二项式定理得

$$\begin{aligned}\sum_{k=0}^{n}\frac{(t+\theta)^k}{k!}a_k &= \sum_{k=0}^{n}\frac{1}{k!}\sum_{j=0}^{k}\frac{k!}{j!(k-j)!}t^j\theta^{k-j}a_k\\ &= \sum_{j=0}^{n}\frac{t^j}{j!}\sum_{k=j}^{n}\frac{\theta^{k-j}}{(k-j)!}a_k\\ &= \sum_{j=0}^{n}\frac{t^j}{j!}\sum_{i=0}^{n-j}\frac{\theta^i}{i!}a_{j+i}.\end{aligned}$$

因此, x_t 可以表示为形如 $\theta^i\mathrm{e}^{\lambda\theta} = (\partial^i/\partial\lambda^i)\mathrm{e}^{\lambda\theta}$ 的函数的一次线性组合.

引理 5.1 将复数 λ 映射为 $\varepsilon_\lambda \otimes a$ 的映射是取值在 $C([-r,0],\mathbf{C}^d)$ 中的正则映射, 且 m 阶微分 $\varepsilon_\lambda^{(m)} \otimes a := (\mathrm{d}^m/\mathrm{d}\lambda^m)(\varepsilon_\lambda \otimes a)$ 为

$$(\varepsilon_\lambda^{(m)} \otimes a)(\theta) = \frac{\partial^m}{\partial\lambda^m}\mathrm{e}^{\lambda\theta}a = \theta^m\mathrm{e}^{\lambda\theta}a, \quad -r \leqslant \theta \leqslant 0.$$

证明 对任意的复数 ζ, 有展开式

$$e^{\lambda\theta}a = e^{(\lambda-\zeta)\theta}e^{\zeta\theta}a = \sum_{m=0}^{+\infty}\frac{(\lambda-\zeta)^m}{m!}\theta^m e^{\zeta\theta}a.$$

此级数对任意的 $\rho > 0$ 及 $|\lambda-\zeta| < \rho(-r \leqslant \theta \leqslant 0)$ 是一致收敛的. 令 $p_m(\theta) = \theta^m e^{\zeta\theta}a$, 则对于 Banach 空间 $C([-r,0],\mathbf{C}^d)$ 中的模,

$$\varepsilon_\lambda \otimes a = \sum_{m=0}^{+\infty}\frac{(\lambda-\zeta)^m}{m!}p_m$$

在 $|\lambda-\zeta| < \rho$ 上是一致收敛的. 由此可知, $\varepsilon_\lambda \otimes a$ 在 ζ 处是正则的, 且有 $\varepsilon_\zeta^{(m)} \otimes a = p_m$. 证毕.

推论 5.2 线性映射 L_λ 所确定的矩阵是元素为 λ 的整函数的矩阵函数, 且 m 阶微分 $L_\lambda^{(m)}$ 由以下公式给出:

$$L_\lambda^{(m)}a = L(\varepsilon_\lambda^{(m)} \otimes a), \quad a \in \mathbf{C}^d.$$

证明 设 $\mathbf{C}^d$ 的基本向量为 $e_1, e_2, \cdots, e_d$. L_λ 的第 j 列由 $L_\lambda e_j = L(\varepsilon_\lambda \otimes e_j)$ 给出. 由于右端的映射为正则映射与有界线性映射的复合映射, 所以为正则映射, 且关于 λ 的微分运算与算子 L 可以交换次序. 因而, 推论得证. 证毕.

利用引理 5.1 中的记号, x_t 可以表示为

$$x_t = e^{\lambda t}\sum_{j=0}^{n}\frac{t^j}{j!}\sum_{i=0}^{n-j}\frac{1}{i!}\varepsilon_\lambda^{(i)} \otimes a_{j+i}.$$

因此, $L(x_t)$ 为形式 $L(\varepsilon_\lambda^{(i)} \otimes a)$ 的向量的一次线性组合. 由推论 5.2, 可得

$$L(x_t) = e^{\lambda t}\sum_{j=0}^{n}\frac{t^j}{j!}\sum_{i=0}^{n-j}\frac{1}{i!}L_\lambda^{(i)}a_{j+i}.$$

另一方面, 由 (5.12) 可知, $x(t)$ 的导函数可以表示为

$$\begin{aligned} x'(t) &= \lambda e^{\lambda t}\sum_{k=0}^{n}\frac{t^k}{k!}a_k + e^{\lambda t}\sum_{k=1}^{n}\frac{t^{k-1}}{(k-1)!}a_k \\ &= e^{\lambda t}\left\{\sum_{j=0}^{n-1}\frac{t^j}{j!}(\lambda a_j + a_{j+1}) + \frac{t^n}{n!}\lambda a_n\right\}. \end{aligned}$$

所以, 方程 (5.11) 可以归纳为如下的联立方程组:

$$\lambda a_j + a_{j+1} = \sum_{i=0}^{n-j}\frac{1}{i!}L_\lambda^{(i)}a_{j+i}, \quad j = 0, 1, \cdots, n-1,$$

$$\lambda a_n = L_\lambda a_n.$$

利用 $\varDelta(\lambda)$, 此联立方程组又可表示为

$$\sum_{i=0}^{n-j} \frac{1}{i!} \varDelta^{(i)}(\lambda) a_{j+i} = 0, \quad j = 0, 1, \cdots, n.$$

利用 $d(n+1)$ 阶矩阵与 $d(n+1)$ 维向量, 上述方程可以表示为

$$\begin{pmatrix} \varDelta(\lambda) & \varDelta'(\lambda) & \frac{1}{2!}\varDelta''(\lambda) & \cdots & \frac{1}{n!}\varDelta^{(n)}(\lambda) \\ 0 & \varDelta(\lambda) & \varDelta'(\lambda) & \cdots & \frac{1}{(n-1)!}\varDelta^{(n-1)}(\lambda) \\ 0 & 0 & \varDelta(\lambda) & \cdots & \frac{1}{(n-2)!}\varDelta^{(n-2)}(\lambda) \\ \vdots & \vdots & \vdots & & \vdots \\ 0 & 0 & 0 & \cdots & \varDelta(\lambda) \end{pmatrix} \begin{pmatrix} a_0 \\ a_1 \\ a_2 \\ \vdots \\ a_n \end{pmatrix} = \begin{pmatrix} 0 \\ 0 \\ 0 \\ \vdots \\ 0 \end{pmatrix}.$$

设系数矩阵为 $D_n(\lambda)$, 未知变元为向量 $\hat{a}_n$, 则上述方程可以简单地表示为 $D_n(\lambda)\hat{a}_n = 0 (n = 0, 1, 2, \cdots)$.

由以上的分析, 有如下的引理.

引理 5.2 若 λ, $\hat{a}_n$ 满足 $D_n(\lambda)\hat{a}_n = 0$, 则由 (5.12) 确定的函数 $x(t)$ 为方程 (5.11) 的解, 且方程 (5.11) 对于所有的正负 t 均成立.

矩阵 $D_n(\lambda)$ 的行列式为 $\det D_n(\lambda) = (\det \Delta(\lambda))^{n+1}$. 当 λ 为特征根时, 有形如 (5.12) 的非平凡解. 这样的解的全体的维数, 当 n 增加时, 未必增加. 注意到 $x(t, \lambda, \hat{a}_n)$ 关于第 3 个变元 $\hat{a}_n$ 是线性的. 容易验证如下的结论.

引理 5.3 $d(n+1)$ 维向量 $\hat{a}_n^1, \hat{a}_n^2, \cdots, \hat{a}_n^m$ 为 $D_n(\lambda)\hat{a}_n = 0$ 的线性无关的解等价于

$$x(t, \hat{a}_n^i) = \mathrm{e}^{\lambda t} \sum_{k=0}^{n} \frac{t^k}{k!} a_k^i, \quad i = 1, 2, \cdots, m$$

在 $C([-r, 0], \mathbf{C}^d)$ 上是线性无关的.

练习 5.6 证明引理 5.3.

于是, 问题归结为讨论 $\ker D_n(\lambda)$ 的维数. 首先, 考虑 L 由某个 d 阶矩阵 A 表示为 $L(\phi) = A\phi(0)$ 的情形. 这时, 方程 (5.11) 变为 $x'(t) = Ax(t)$, 即常微分方程, 且 $\varDelta(\lambda) = \lambda E - A$, 关于 $\hat{a}_n$ 的方程为如下的一次联立方程:

$$(\lambda E - A)a_j + a_{j+1} = 0, \quad j = 0, 1, \cdots, n-1, \quad (\lambda E - A)a_n = 0.$$

此联立方程又可以改写为

$$(A-\lambda E)^k a_0 = a_k, \quad k=1,2,\cdots,n, \quad (A-\lambda E)^{n+1} a_0 = 0.$$

因此, 利用 $N((A-\lambda E)^{n+1})$ 的向量, 全部解可以表示出来, 对应的维数与 $\dim N((A-\lambda E)^{n+1})$ 一致. 如同已经讨论过的, 若 $\zeta=\lambda$ 为 $\det(\zeta E-A)$ 的 m 阶零点, 且 $(\zeta E-A)^{-1}$ 在 $\zeta=\lambda$ 处为 p 阶极点, 当 $n+1\geqslant p(p\leqslant m)$ 时, 有 $N((A-\lambda E)^{n+1})=N((A-\lambda E)^m)$, 且维数为 m. 于是, 当 $n\geqslant p-1$ 时, $D_n(\lambda)\hat{a}_n=0$ 的解的全体的维数为 m, 且解的分向量 $a_0,a_1,\cdots,a_{p-1},\cdots,a_n$ 满足

$$a_k=(A-\lambda E)^k a_0, \quad k=1,2,\cdots,p-1, \quad a_p=a_{p+1}=\cdots=a_n=0,$$

$$x(t,\lambda,\hat{a}_n)=\mathrm{e}^{\lambda t}\sum_{k=0}^{p-1}\frac{t^k}{k!}a_k.$$

以上的讨论对于一般 L 的情形, 可以作如下的推广. 矩阵 $D_n(\lambda)$ 的元素均为整函数. 对于元素为正则函数的矩阵, 有如下的 Levinger 定理①.

定理 5.7 设 $H(\lambda)=\sum_{i=0}^{+\infty}\lambda^i H_i$ 为 d 阶矩阵函数, 且为 $\lambda=0$ 的某个邻域中收敛的正则函数. 对于某个 m, 有

$$\det H(\lambda)=\lambda^m p_m(\lambda), \quad p_m(0)\neq 0,$$

即 $\lambda=0$ 为 $\det H(\lambda)$ 的 m 阶零点. 则对 $n\geqslant m$, 若定义 K_n 为

$$K_n=\begin{pmatrix} H_0 & H_1 & H_2 & \cdots & H_n \\ 0 & H_0 & H_1 & \cdots & H_{n-1} \\ 0 & 0 & H_0 & \cdots & H_{n-2} \\ \vdots & \vdots & \vdots & & \vdots \\ 0 & 0 & 0 & \cdots & H_0 \end{pmatrix}$$

时, 有

$$\operatorname{rank} K_n = d(n+1)-m. \tag{5.13}$$

定理 5.7 的证明比较长, 这里省略, 请参考文献 [36].

由定理 5.7 可知, 若 $n\geqslant m$, 则 $\dim N(K_n)=m$. 容易验证: 若 $\hat{a}_m=\mathrm{col}[a_0,a_1,\cdots,a_m]$ 为 $K_m\hat{a}_m=0$ 的解, 则添加 $n-m$ 个 d 维零向量后所得向量

$$\hat{a}_n=\mathrm{col}[a_0,a_1,\cdots,a_m,0,\cdots,0]$$

① 可参考文献 [23],[36].

为 $K_n\hat{a}_n=0$ 的解. 但是, 由公式 (5.13) 可知, $N(K_n)$ 中的向量与在 $N(K_m)$ 中的向量上添加上述零向量后所得的向量是一致的. 也就是说, 若 $K_n\hat{a}_n=0$, 分向量满足 $a_{m+1}=a_{m+2}=\cdots=a_n=0$, 且 m 以前的分向量满足 $K_m\hat{a}_m=0$.

设 $\det\Delta(\zeta)$ 在 $\zeta=\lambda$ 处具有 m 阶的零点, 与上述的 $H_i\,(i=0,1,2,\cdots)$ 对应的矩阵为 $(1/i!)\Delta^{(i)}(\lambda)$, 与 K_n 对应的矩阵为 $D_n(\lambda)$. 于是, 有如下的结论.

定理 5.8　若 λ 为方程 (5.11) 的特征根, 且

$$\hat{a}_n=\mathrm{col}[a_0,a_1,\cdots,a_n]$$

为 $D_n(\lambda)\hat{a}_n=0$ 的非零解, 则由指数函数与多项式乘积所表示的非零函数

$$x(t)=\mathrm{e}^{\lambda t}\sum_{i=0}^{n}\frac{t^i}{i!}a_i \tag{5.12}$$

为方程 (5.11) 的解. 若 $\det\Delta(\zeta)$ 在 $\zeta=\lambda$ 处具有 m 阶的零点, 则这样的解可以通过令 $n=m$ 求出, 且解的全体的维数为 m.

若 $\det\Delta(\zeta)$ 在 $\zeta=\lambda$ 处具有 m 阶的零点, 则 $\Delta(\zeta)^{-1}$ 在 $\zeta=\lambda$ 处具有极点, 且对应的阶数为 k 时, 有 $k\leqslant m$. 一个疑问是, 如同常微分方程的情形, 上述分析中的 n 是否可以取为 $n=k-1$. 5.3 节以后的内容中, 将利用解的半群理论回答这一问题.

5.3　线性自治泛函微分方程的解半群

不含有时滞的线性微分方程的一般解可以用矩阵指数函数来表示. 对于含有时滞的微分方程的情形, 一般解的表示式中, 已不是矩阵指数函数, 而是向量空间中的线性算子族构成的半群. 本节将考虑这一问题.

对给定的有界线性映射 $L:C([-r,0],\mathbf{C}^d)\to\mathbf{C}^d$, 考虑线性泛函微分方程

$$x'(t)=L(x_t)$$

的一般解. 由定理 4.1 与推论 4.2, 有如下的定理成立.

定理 5.9　对任意的 $\phi\in C([-r,0],\mathbf{C}^d)$, 满足初始条件 $x_0=\phi$ 的方程 (5.11) 的解于 $[0,+\infty)$ 上存在唯一, 且满足不等式:

$$\|x_t\|\leqslant\|\phi\|\mathrm{e}^{t\|L\|},\quad t\geqslant 0.$$

由定理 5.9, 方程 (5.11) 的唯一解记为 $x(t,\phi)$, 并定义 $x_t(\phi)\in C([-r,0],\mathbf{C}^d)$ 为

$$[x_t(\phi)](\theta)=x(t+\theta,\phi).$$

由于方程 (5.11) 为线性方程, 所以, 有

$$x(t, a\phi + b\psi) = ax(t, \phi) + bx(t, \psi), \quad a, b \in \mathbf{C}, \ \phi, \psi \in C([-r, 0], \mathbf{C}^d).$$

又由于方程为自治的, 则有

$$x(t, x_s(\phi)) = x(t + s, \phi), \quad t, s \geqslant 0, \ \phi \in C([-r, 0], \mathbf{C}^d).$$

因此, 对每个 $t \geqslant 0$, 可以定义 $C([-r, 0], \mathbf{C}^d)$ 上的算子 $T(t)$ 为

$$T(t)\phi = x_t(\phi), \quad \phi \in C([-r, 0], \mathbf{C}^d),$$

且此算子为线性的, 并满足

$$T(0) = I, \quad T(t + s) = T(t)T(s), \quad t, s \geqslant 0.$$

此外, 由引理 4.1 可知, 对每个 ϕ, 有 $\lim_{t\to 0} T(t)\phi = \phi$. 再由定理 5.9 可知, $T(t)$ 的算子模满足如下的不等式:

$$\|T(t)\| \leqslant \mathrm{e}^{t\|L\|}, \quad t \geqslant 0.$$

上述算子族构成 Banach 空间 $C([-r, 0], \mathbf{C}^d)$ 上的有界线性算子强连续半群, 又称为方程 (5.11) 的**解半群**.

5.4 强连续半群的谱

本节中, 介绍将要用到的有关泛函分析一些内容.

以 $0 \leqslant t < +\infty$ 为参数, 定义在一般的 Banach 空间 X 上的有界线性算子族 $T(t)$ 具有以下性质时, 称为是**强连续半群**:

(i) $T(0) = I$ (恒等算子), $T(t + s) = T(t)T(s)$, $t, s \geqslant 0$;

(ii) 对于每个 $x \in X$, $\|T(t)x - x\| \to 0 \ (t \to 0)$.

对应的生成算子 A 定义为

$$Ax = \lim_{t\to 0} \frac{T(t)x - x}{t},$$

其定义域为右端极限存在 x 的全体. 熟知, A 为 X 的稠密子空间上定义的闭线性算子①.

设 T 为 X 上的线性算子, 其豫解集 $\rho(T)$ 为满足以下条件的复数 λ 的集合: $T_\lambda := \lambda I - T$ 为一一对应, 值域 $R(T_\lambda)$ 为稠密的, 且逆算子 T_λ^{-1} 为有界算

① 有关半群的基础知识, 可参考文献 [37].

子. 逆算子又记为 $R(\lambda, T)$, 并称为 T 的**豫解式**. 若 T 为闭算子, 则 $\lambda \in \rho(T)$ 的充分必要条件为 T_λ 是一一对应, 且 $R(T_\lambda) = X$.

豫解集的余集 $\mathbf{C} \setminus \rho(T)$ 称为 T 的**谱**, 用 $\sigma(T)$ 表示. 使得 T_λ 不为一一对应的 λ 的集合用 $P_\sigma(T)$ 表示, 此集合称为 T 的**点谱**, 这等同于存在 $x \neq 0$ 使得 $Tx = \lambda x$ 成立. 这时, λ 称为 T 的**特征值**, x 称为**特征向量**. 特征向量的集合 $N(T - \lambda I)$ 称为**特征空间**. 此外,

$$\mathcal{M}_\lambda := \bigcup_{j=1}^{+\infty} N((T - \lambda I)^j)$$

称为**一般特征空间**. 这个空间为有限维时, 维数 m 称为特征值的**重复度** 或者**代数重复度**. 与此对应的特征空间的维数有时又称为**几何重复度**.

子空间族 $N((T - \lambda I)^j)$, $j = 1, 2, \cdots$ 为非减序列, 且对所有的 $j \geqslant 1$, 或者 $N((T - \lambda I)^j) \neq N((T - \lambda I)^{j-1})$, 或者使得 $N((T - \lambda I)^j) = N((T - \lambda I)^{j-1})$ 成立的 j 中有最小值. 对后一情形, 令其最小值为 k, 则 $\mathcal{M}_\lambda = N((T - \lambda I)^k)$. 这时, k 称为 λ 的**指数** (index) 或者**升数** (ascent), $k \leqslant m$①.

若 $\lambda_1, \lambda_2 \in \rho(T)$, 则如下的豫解式方程成立:

$$R(\lambda_1, T) - R(\lambda_2, T) = (\lambda_2 - \lambda_1) R(\lambda_1, T) R(\lambda_2, T).$$

以下, 设 T 为闭算子. 这时, $\rho(T)$ 为开集. $R(\lambda, T)$ 为取值为 X 上的有界线性算子的 λ 的正则函数. 设 λ_0 为复数平面中的定点, 且 $D := \{\lambda \in \mathbf{C} : 0 < |\lambda - \lambda_0| < r\} \subset \rho(T)$. 在 D 的内部取一以正向围绕 λ_0 一周的积分路经 C, 考虑有界线性算子 P_i

$$P_i = \frac{1}{2\pi\sqrt{-1}} \int_C (\lambda - \lambda_0)^{-i-1} R(\lambda, T)\, \mathrm{d}\lambda, \quad i = 0, \pm 1, \pm 2, \cdots,$$

则豫解式在 λ_0 处的 Laurent 展开为

$$R(\lambda, T) = \sum_{i=-\infty}^{+\infty} (\lambda - \lambda_0)^i P_i, \quad \lambda \in D. \tag{5.14}$$

若对某 $k \geqslant 1$, 有 $P_{-k} \neq 0$, $P_{-k-j} = 0$, $j \geqslant 1$ 成立, 则称 λ_0 为豫解式的 k 阶极点.

P_{-1} 为投影算子, 且以下的结论成立.

定理 5.10 设 $\mu_0 \neq \lambda_0$, 且 $\{\lambda \in \mathbf{C} : 0 < |\lambda - \mu_0| < r\} \subset \rho(T)\}$. 类似于 P_{-1}, 对于 μ_0, 定义 Q_{-1}, 则有

$$P_{-1}^2 = P_{-1}, \quad Q_{-1}^2 = Q_{-1}, \quad P_{-1} Q_{-1} = 0.$$

---

① 有关本节中的内容, 可参考文献 [38] 第三章 §6.

证明 对于 $0 < r_1 < r_2 < r$, $R(\lambda,T)$ 在区域 $\{\lambda : r_1 \leqslant |\lambda| \leqslant r_2\}$ 上是正则的. 所以,

$$P_{-1} = \frac{1}{2\pi\sqrt{-1}}\int_{C_1} R(\lambda_1,T)\mathrm{d}\lambda_1 = \frac{1}{2\pi\sqrt{-1}}\int_{C_2} R(\lambda_2,T)\mathrm{d}\lambda_2.$$

选取积分路径 $C_i\,(i=1,2)$ 为以 λ_0 为中心以 r_i 为半径的正向圆周, 由豫解式方程可知,

$$\begin{aligned}P_{-1}^2 &= \left(\frac{1}{2\pi\sqrt{-1}}\right)^2 \int_{C_1}\int_{C_2} \frac{1}{\lambda_2-\lambda_1}(R(\lambda_1,T)-R(\lambda_2,T))\mathrm{d}\lambda_2\mathrm{d}\lambda_1 \\ &= \frac{1}{2\pi\sqrt{-1}}\int_{C_1} R(\lambda_1,T)\left(\frac{1}{2\pi\sqrt{-1}}\int_{C_2}\frac{1}{\lambda_2-\lambda_1}\mathrm{d}\lambda_2\right)\mathrm{d}\lambda_1 \\ &\quad -\frac{1}{2\pi\sqrt{-1}}\int_{C_1} R(\lambda_2,T)\left(\frac{1}{2\pi\sqrt{-1}}\int_{C_1}\frac{1}{\lambda_2-\lambda_1}\mathrm{d}\lambda_1\right)\mathrm{d}\lambda_2.\end{aligned}$$

注意到 λ_1 位于圆 C_2 的内部, 而 λ_2 位于圆 C_1 的外部, 所以, 有

$$\frac{1}{2\pi\sqrt{-1}}\int_{C_2}\frac{1}{\lambda_2-\lambda_1}\mathrm{d}\lambda_2 = 1, \quad \frac{1}{2\pi\sqrt{-1}}\int_{C_1}\frac{1}{\lambda_2-\lambda_1}\mathrm{d}\lambda_1 = 0.$$

因此, $P_{-1}^2 = P_{-1}$.

对于 $P_{-1}Q_{-1}$, 选取适当的积分路径 C_1, C_2, 可使得点 λ_1, λ_2 位于相互圆周的外部. 由此可得 $P_{-1}Q_{-1} = 0$. 证毕.

引理 5.4 对于 Laurent 展开式 (5.14), 若 $x \in D(T)$, 则

$$P_i(T-\lambda_0 I)x = (T-\lambda_0 I)P_i x = \begin{cases} P_{i-1}x, & i \neq 0, \\ (P_{i-1}-I)x, & i = 0. \end{cases}$$

又若 T 的定义域是稠密的, 则有 $R(P_i) \subset D(T)$, 且

$$(T-\lambda_0 I)P_i = \begin{cases} P_{i-1}, & i \neq 0, \\ P_{i-1} - I, & i = 0. \end{cases}$$

证明 设 $x \in D(T)$. 若 T 是闭算子, 则由 $P_iTx = TP_ix$ 可知, $P_i(T-\lambda_0 I)x = (T-\lambda_0 I)P_i x$ 成立. 再由 $R(\lambda,T)$ 的 Laurent 展开可得,

$$\begin{aligned}x &= R(\lambda,T)(\lambda I - T)x \\ &= \sum_{i=-\infty}^{+\infty}(\lambda-\lambda_0)^i P_i((\lambda-\lambda_0)I + \lambda_0 I - T)x\end{aligned}$$

$$= \sum_{i=-\infty}^{+\infty} [(\lambda - \lambda_0)^{i+1} P_i + (\lambda - \lambda_0)^i P_i(\lambda_0 I - T)]x$$

$$= \sum_{i=-\infty}^{+\infty} (\lambda - \lambda_0)^i (P_{i-1} + P_i(\lambda_0 I - T))x.$$

因此, 当 $x \in D(T)$ 时,

$$P_i(T - \lambda_0 I)x = \begin{cases} P_{i-1}x, & i \neq 0, \\ (P_{i-1} - I)x, & i = 0. \end{cases}$$

故前半部分得证.

现证明后半部分. 设 x 为 X 中任意的点. 若 $D(T)$ 是稠密的, 则在 $D(T)$ 中存在点列 $x_n \to x$. 对于每一个 x_n, 有

$$(T - \lambda_0 I)P_i x_n = \begin{cases} P_{i-1}x_n, & i \neq 0, \\ (P_{i-1} - I)x_n, & i = 0. \end{cases}$$

由于 $P_i x_n \to P_i x, P_{i-1}x_n \to P_{i-1}x$, 且 T 为闭算子, 有 $P_i x \in D(T)$, 且上面的不等式对于 x 仍成立. 证毕.

定理 5.11 设 T 为具有稠密定义域的闭线性算子, 且 λ_0 为 $R(\lambda, T)$ 的孤立奇点, P_i 如上所述, 则有

$$R(P_{-1}) = N(I - P_{-1}) \supset \bigcup_{j\geqslant 1} N((T - \lambda_0 I)^j),$$

$$N(P_{-1}) = R(I - P_{-1}) \subset \bigcap_{j\geqslant 1} R((T - \lambda_0 I)^j).$$

$\lambda_0 \in \rho(T)$ 的充分必要条件为 $P_{-1} = 0$. 此外, 以下的结论互为等价:

(i) λ_0 为 k 阶的极点.

(ii) $P_{-k} \neq 0,\ \ P_{-k-1} = 0$.

(iii) $R(P_{-1}) = N((T - \lambda_0 I)^k) \supsetneqq N((T - \lambda_0 I)^{k-1})$.

(iv) $R(I - P_{-1}) = R((T - \lambda_0 I)^k) \subsetneqq R((T - \lambda_0 I)^{k-1})$.

同时, 若其中之一成立时, 有

$$X = N((T - \lambda_0 I)^k) \oplus R((T - \lambda_0 I)^k).$$

证明 设 $P_{-1}x = 0$, 则

$$x = (I - P_{-1})x = -(T - \lambda_0 I)^{i+1} P_i x, \quad i = 0, 1, 2, \cdots.$$

故 $N(P_{-1}) \subset \bigcap_{j\geqslant 1} R((T-\lambda_0 I)^j)$. 此外, 若 $(T-\lambda_0 I)^j x = 0$, $j \geqslant 1$, 则

$$(I - P_{-1})x = -P_{j-1}(T-\lambda_0 I)^j x = 0.$$

所以, $x = P_{-1}x$, 且 $\bigcup_{j\geqslant 1} N((T-\lambda_0 I)^j) \subset R(P_{-1})$.

首先, (i) $\Rightarrow$ (ii) 是显然的. 由引理 5.4 可知, (ii) $\Rightarrow$ (i) 也是显然的.

往证 (ii) $\Rightarrow$ (iii). 若 $y \in R(P_{-1})$, 则有 $y = P_{-1}x$. 由于

$$(T-\lambda_0 I)^k y = (T-\lambda_0 I)^k P_{-1}x = P_{-k-1}x = 0,$$

则有 $y \in N((T-\lambda_0 I)^k)$. 所以, $R(P_{-1}) \subset N((T-\lambda_0 I)^k) \subset R(P_{-1})$, 且 $R(P_{-1}) = N((T-\lambda_0 I)^k)$. 此外, 对于满足 $P_{-k}u \neq 0$ 的 u, 若令 $v = P_{-1}u$ 时, 有

$$(T-\lambda_0 I)^{k-1} v = (T-\lambda_0 I)^{k-1} P_{-1}u = P_{-k}u \neq 0.$$

因此, $v \notin N((T-\lambda_0 I)^{k-1})$. 故 $N((T-\lambda_0 I)^{k-1}) \neq R(P_{-1})$, 即 (iii) 成立.

接下来证明 (iii) $\Rightarrow$ (iv). 若 $y = (T-\lambda_0 I)^k x$, $x \in D(T^k)$, 则由

$$P_{-1}y = P_{-1}(T-\lambda_0 I)^k x = (T-\lambda_0 I)^k P_{-1}x = 0$$

可知, $y \in N(P_{-1})$. 故 $R((T-\lambda_0 I)^k) \subset N(P_{-1}) \subset R((T-\lambda_0 I)^k)$, 且 $R((T-\lambda_0 I)^k) = N(P_{-1}) = R(I-P_{-1})$. 由 (iii) 可知, 存在满足 $(T-\lambda_0 I)^{k-1}u \neq 0$ 的 $u \in R(P_{-1}) = N((T-\lambda_0 I)^k)$. 注意到 $P_{-1}u = u$, 则有

$$P_{-1}(T-\lambda_0 I)^{k-1}u = (T-\lambda_0 I)^{k-1}P_{-1}u = (T-\lambda_0 I)^{k-1}u \neq 0,$$

即 $(T-\lambda_0 I)^{k-1}u \notin N(P_{-1}) = R((T-\lambda_0 I)^k)$. 所以, 有 $R((T-\lambda_0 I)^{k-1}) \neq R((T-\lambda_0 I)^k)$, 即 (iv) 成立.

再证明 (iv) $\Rightarrow$ (ii). 由于 $N(P_{-1})$ 为 $R((T-\lambda_0 I)^{k-1})$ 的真子集, 对于某个 $u \in D(T^{k-1})$, 有 $P_{-1}(T-\lambda_0 I)^{k-1}u \neq 0$. 由引理 5.4 可知, $P_{-1}(T-\lambda_0 I)^{k-1}u = P_{-k}u$, 所以 $P_{-k}u \neq 0$, 故 $P_{-k} \neq 0$. 若 $x \in D(T^k)$, 由引理 5.4 可得, $P_{-k-1}x = P_{-1}(T-\lambda_0 I)^k x$. 再由 (iv) 可知, 其右端为 0. 因此, $P_{-k-1}x = 0$, $x \in D(T^k)$. 另外, 如同下面所证明的, 由于 $D(T^k)$ 为稠密的, 则有 $P_{-k-1} = 0$, 即 (ii) 成立.

最后证明 $D(T^k)$ 的稠密性. 若 $0 < |\lambda - \lambda_0| < r$, 则 $(\lambda I - T)^{-1} = R(\lambda, T)$ 为由 X 到 $D(T)$ 的一一有界线性映射. 因此, $D(T^k)$ 为 $R(\lambda, T)^k$ 的像空间: $D(T^k) = \{R(\lambda, T)^k y : y \in X\}$. 若这一子空间不为稠密的, 由 Han-Banach 定理, 对于某个 $x^* \in X^*$, $x^* \neq 0$, 有

$$\langle R(\lambda, T)^k y, x^* \rangle = 0, \quad y \in X$$

成立. 所以

$$0=\langle y,(R(\lambda,T)^k)^*x^*\rangle=\langle y,R(\lambda,T^*)^kx^*\rangle,\quad y\in X.$$

故 $R(\lambda,T^*)^kx^*=0$,

$$x^*=(\lambda I^*-T^*)^kR(\lambda,T^*)^kx^*=0,$$

这是一个矛盾. 因而, $D(T^k)$ 为稠密的. 证毕.

由上述的定理 5.10 和定理 5.11, 有如下的结论.

推论 5.3 若 λ_0 为豫解式的 k 阶极点, 则 $\lambda_0\in P_\sigma(T)$, 且

$$\mathcal{M}_{\lambda_0}=N((T-\lambda_0I)^k),$$

$$X=N((T-\lambda_0I)^k)\oplus R((T-\lambda_0I)^k).$$

推论 5.4 若 λ_j $(j=1,2,\cdots,p)$ 为 $R(\lambda,T)$ 的互不相同的 k_j 阶极点, 则

$$\begin{aligned}X=&N((T-\lambda_1I)^{k_1})\oplus N((T-\lambda_2I)^{k_2})\oplus\cdots\oplus N((T-\lambda_pI)^{k_p})\\&\oplus\bigcap_{j=1}^{p}R((T-\lambda_jI)^{k_j})).\end{aligned}$$

定理 5.12 设 Banach 空间 X 上的 C_0 半群 $T(t)$ 的生成元为 A, 且 $(A-\lambda I)^nx=0$, 则

(i) $T(t)x=\mathrm{e}^{\lambda t}\sum\limits_{k=0}^{n-1}\dfrac{t^k}{k!}(A-\lambda I)^kx,\quad t\geqslant 0.$

(ii) $(A-\lambda I)^nT(t)x=0,\quad t\geqslant 0.$

(iii) 对于所有的 $t\in\mathbf{R}$, 定义

$$S(t)x=\mathrm{e}^{\lambda t}\sum_{k=0}^{n-1}\frac{t^k}{k!}(A-\lambda I)^kx,$$

则有

$$S(t)S(s)x=S(t+s)x,\ t,s\in\mathbf{R},\quad (A-\lambda I)^nS(t)x=0,\ x\in X.$$

证明 (i) $n=1$ 时, 由 $(\mathrm{d}/\mathrm{d}t)(T(t)x)=T(t)Ax=\lambda T(t)x(t\geqslant 0)$ 可知结论成立. 当 $n=2$ 时, 令 $x_1=(A-\lambda I)x$, 则 $T(t)x_1=\mathrm{e}^{\lambda t}x_1$. 所以, $T(t)Ax=\lambda T(t)x+\mathrm{e}^{\lambda t}x_1$. 由于 $T(t)Ax=(\mathrm{d}/\mathrm{d}t)T(t)x$, 所以, $y(t)=T(t)x$ 满足方程

$$y'(t)=\lambda y(t)+\mathrm{e}^{\lambda t}x_1.$$

求解得 $T(t)x=\mathrm{e}^{\lambda t}x+t\mathrm{e}^{\lambda t}x_1$, 这表明 (i) 当 $n=2$ 时成立. 于是, 利用归纳法可证对于一般的 n, (i) 成立.

(ii) 和 (iii) 是显然的. 证毕.

设 Banach 空间 X 上的 C_0 半群 $T(t)$ 的生成元为 A, $\lambda_j(j=1,2,\cdots,p)$ 为 $R(\lambda,A)$ 的互不相同 k_j 阶极点, 且由这些极点构成的集合设为 Λ. 若记

$N_\Lambda := N((A-\lambda_1 I)^{k_1}) \oplus N((A-\lambda_2 I)^{k_2}) \oplus \cdots \oplus N((A-\lambda_p I)^{k_p})$,

$R_\Lambda := \bigcap_{j=1}^{p} R((A-\lambda_j I)^{k_j}))$,

则根据推论 5.4, 有

$$X = N_\Lambda \oplus R_\Lambda.$$

由定理 5.12 可知, $T(t)N_\Lambda \subset N_\Lambda\,(t \geqslant 0)$. 在 N_Λ 上将 $T(t)$ 扩展到 $t<0$, 进而可知 $T(t+s)=T(t)T(s)\,(t,\,s\in\mathbf{R})$ 成立. 因而, $T(t)$ 在 N_Λ 上成为一个群.

推论 5.5 设 $T(t)$, A, Λ 如上述定义, N_Λ 为有限维. 令

$$\alpha = \min\{\mathrm{Re}\,\lambda_j : j=1,2,\cdots,p\}, \quad \omega = \max\{\mathrm{Re}\,\lambda_j : j=1,2,\cdots,p\},$$

则对任意的 $\varepsilon>0$, 存在 M_ε, 当 $x\in N_\Lambda$ 时, 有

$$\|T(t)x\| \leqslant M_\varepsilon \mathrm{e}^{(\omega+\varepsilon)t}\|x\|, \quad t>0,$$

$$\|T(t)x\| \leqslant M_\varepsilon \mathrm{e}^{(\alpha-\varepsilon)t}\|x\|, \quad t<0.$$

证明 设 $x\in N_\Lambda$, $x_j \in N((A-\lambda_j I)^{k_j})$ 表示其直和分解. 由定理 5.12(i) 可知, 当 $t\geqslant 0$ 时, 有

$$T(t)x_j = \sum_{k=0}^{k_j-1}\frac{t^k}{k!}(A-\lambda_j)^k x_j.$$

对于 $t<0$, $T(t)$ 扩展后上式仍成立. 注意到 $(A-\lambda_j)^k$ $(k=0,1,2,\cdots,k_j-1)$ 为有限维空间 $N((A-\lambda_j I)^{k_j})$ 上的线性映射, 可知 $(A-\lambda_j)^k$ $(k=0,1,2,\cdots,k_j-1)$ 是连续的. 因此, 完全类似于有限维的常微分方程的情形 (定理 5.2), 可得到 $\|T(t)x_j\|$ 的估计式. 从而, 推论成立. 证毕.

5.5 泛函微分方程解的谱分解

设方程

$$x'(t) = L(x_t) \tag{5.11}$$

满足 $x_0=\phi\in C([-r,0],\mathbf{C}^d)$ 的解为 $x(t,\phi)$. 由 $T(t)\phi = x_t(\phi)$ 可定义解半群 $T(t)$, 对应的生成元为 A. 利用生成元 A, 可将泛函微分方程与常微分方程解的指数估计对应起来.

考虑 A 的解析表达式. 为了方便起见, $\mathcal{C}^{(m)}$ 表示由 $[-r,0]$ 到 $\mathbf{C}^d$ 且 m 阶连续可微的函数构成的集合. 对于实变量可微函数, 有如下熟悉的引理①. 对于实函数 $f(x)$, 记

$$\Delta_h f(x)=\frac{f(x+h)-f(x)}{h},\quad h\neq 0,$$

则 Dini 微分定义为

$$D^+f(x)=\limsup_{h\to 0+}\Delta_h f(x),\quad D_+f(x)=\liminf_{h\to 0+}\Delta_h f(x),$$

$$D^-f(x)=\limsup_{h\to 0-}\Delta_h f(x),\quad D_-f(x)=\liminf_{h\to 0-}\Delta_h f(x)$$

(参考附录 B).

引理 5.5　若上述任意一种 Dini 微分 $Df(x)$ 在区间 I 上存在且连续, 则 $f(x)$ 在 I 上连续可微.

定理 5.13　生成元 A 的定义域为 $D(A)=\{\phi\in\mathcal{C}^{(1)}:\phi'(0)=L(\phi)\}$, 且 $A\phi=\phi'$, $\phi\in D(A)$.

证明　对于 $\phi\in D(A)$, 设 $\psi=A\phi$, $D_h\phi=h^{-1}(x_h(\phi)-\phi)\,(h>0)$. 当 $h\to 0+$ 时,

$$\|D_h\phi-\psi\|:=\sup\{|D_h(\phi)(\theta)-\psi(\theta)|:\theta\in[-r,0]\}\to 0.$$

当 $\theta<0$ 时, 若 $0<h<-\theta$, 则有 $D_h(\phi)(\theta)=h^{-1}(\phi(\theta+h)-\phi(\theta))$. 因而, 当 $h\to 0+$ 时, 有 $\psi(\theta)=\phi'(\theta)$ 成立. 当 $\theta=0$ 时, 由于 $D_h(\phi)(0)=h^{-1}(x(h,\phi)-\phi(0))=h^{-1}(x(h,\phi)-x(0,\phi))$, 并取极限, 可得 $\psi(0)=x'(0)=L(x_0)=L(\phi)$. 由 ψ 的连续性, 有

$$\lim_{\theta\to 0-}\phi'(\theta)=\lim_{\theta\to 0-}\psi(\theta)=\psi(0)=L(\phi).$$

所以, 由引理 5.5 可知, $\phi\in\mathcal{C}^{(1)}$, $\phi'(0)=L(\phi)$, 且 $\psi=\phi'$ 成立.

反之, 设 ϕ 满足上述条件. 这时, $x(t,\phi)$ 在 $-r\leqslant t<+\infty$ 上连续可微. 因此, 当 $h\to 0+$ 时, $D_h(\phi)$ 一致收敛于 x_0', 且 $\phi\in D(A)$. 当 $\theta<0$ 时, $x_0'(\theta)=\phi'(\theta)$; 当 $\theta=0$ 时, $x_0'(0)=L(\phi)=\phi'(0)$, 故 $A\phi=\phi'$. 证毕.

对于任意的 $\psi\in C([-r,0],\mathbf{C}^d)$, 讨论方程 $(\lambda I-A)\phi=\psi$. 此方程与方程组

$$\lambda\phi(\theta)-\phi'(\theta)=\psi(\theta),\quad -r\leqslant\theta<0,\tag{5.15}$$

$$\lambda\phi(0)-L(\phi)=\psi(0),\qquad \theta=0\tag{5.16}$$

① 可参考文献 [39] 第九章 §3.

等价. (5.14) 的解 ϕ 可以表示为 $\phi = \varepsilon_\lambda \otimes \phi(0) + M_\lambda\psi$, 其中 $M_\lambda\psi$ 为由如下的积分定义的函数:

$$(M_\lambda\psi)(\theta) = \int_\theta^0 \mathrm{e}^{\lambda(\theta-s)}\psi(s)\mathrm{d}s, \quad -r \leqslant \theta \leqslant 0.$$

(5.16) 化为

$$\lambda\phi(0) - L(\varepsilon_\lambda \otimes \phi(0) + M_\lambda\psi) = \psi(0).$$

由于 L 为线性映射, 利用特征行列式 $\Delta(\lambda)$, 上式又可以化为

$$\Delta(\lambda)\phi(0) = \psi(0) + L(M_\lambda\psi).$$

引理 5.6 M_λ 为空间 $C([-r,0],\mathbf{C}^d)$ 上 λ 的正则有界线性泛函族, 且满足

$$\|M_\lambda\| \leqslant \int_{-r}^0 \mathrm{e}^{t\mathrm{Re}\,\lambda}\mathrm{d}t.$$

证明 对于 $\psi \in C([-r,0],\mathbf{C}^d)$, 由于 $M_\lambda\psi \in C([-r,0],\mathbf{C}^d)$, 可得

$$\begin{aligned}|M_\lambda\psi(\theta)| &\leqslant \int_\theta^0 \mathrm{e}^{(\theta-s)\mathrm{Re}\lambda}|\psi(s)|\mathrm{d}s\\ &\leqslant \int_\theta^0 \mathrm{e}^{(\theta-s)\mathrm{Re}\lambda}\ \mathrm{d}s\|\psi\|\\ &= \int_\theta^0 \mathrm{e}^{t\mathrm{Re}\lambda}\ \mathrm{d}t\|\psi\|.\end{aligned}$$

因而, $\|M_\lambda\|$ 满足引理中的不等式. 证毕.

下面设 ζ 为复平面上的定点, 则

$$\begin{aligned}\mathrm{e}^{\lambda(\theta-s)}\psi(s) &= \mathrm{e}^{(\lambda-\zeta)(\theta-s)}\mathrm{e}^{\zeta(\theta-s)}\psi(s)\\ &= \sum_{k=0}^{+\infty}\frac{(\lambda-\zeta)^k}{k!}(\theta-s)^k\mathrm{e}^{\zeta(\theta-s)}\psi(s)\end{aligned}$$

于 $|\lambda-\zeta| \leqslant 1$, $-r \leqslant \theta, s \leqslant 0$ 上一致收敛. 所以,

$$M_\lambda\psi(\theta) = \sum_{k=0}^{+\infty}\frac{(\lambda-\zeta)^k}{k!}\int_\theta^0(\theta-s)^k\mathrm{e}^{\zeta(\theta-s)}\psi(s)\mathrm{d}s$$

于 $|\lambda-\zeta| \leqslant 1, -r \leqslant \theta \leqslant 0$ 上亦一致收敛. 由此可知在点 λ 处 k 阶导数 $M_\lambda^{(k)}$ 为

$$M_\lambda^{(k)}\psi(\theta) = \int_\theta^0 (\theta-s)^k\mathrm{e}^{\lambda(\theta-s)}\psi(s)\mathrm{d}s.$$

引理 5.7 将 ψ 映射为 $\psi(0)+L(M_\lambda\psi)$ 的映射为由 $C([-r,0],\mathbf{C}^d)$ 到 $\mathbf{C}^d$ 的映射.

证明 只要对于 $\psi=\varepsilon_\mu\otimes x$, $(x\in\mathbf{C}^d,\ \mu\neq\lambda)$ 的情形, 证明引理的结论即可. 由于

$$M_\lambda(\varepsilon_\mu\otimes x)(\theta)=\frac{\mathrm{e}^{\lambda\theta}-\mathrm{e}^{\mu\theta}}{\mu-\lambda}x,$$

令 $\|\varepsilon_\lambda\|=\sup\{\mathrm{e}^{\mathrm{Re}\,\lambda\theta}:-r\leqslant\theta\leqslant0\}$, 则对于 $\mu>0$, 有

$$|N_{\lambda,\mu}x|:=|L(M_\lambda(\varepsilon_\mu\otimes x))|\leqslant\|L\|\frac{\|\varepsilon_\lambda\|+1}{|\mu-\lambda|}|x|.$$

所以, $\mu>0$ 充分大时, 有 $|N_{\lambda,\mu}x|\leqslant(1/2)|x|$ $(x\in\mathbf{C}^d)$, 即 $\|N_{\lambda,\mu}\|\leqslant1/2$. 因而, 线性映射 $E+N_{\lambda,\mu}:\mathbf{C}^d\to\mathbf{C}^d$ 具有逆映射, 且为 $(E+N_{\lambda,\mu})^{-1}=\sum_{n=0}^{+\infty}(-N_{\lambda,\mu})^n$. 故 $E+N_{\lambda,\mu}$ 为所要求的映射. 证毕.

定理 5.14 生成元 A 的谱为点谱, 即为特征根的集合

$$\sigma(A)=P_\sigma(A)=\{\lambda:\det\varDelta(\lambda)=0\}.$$

若 $\lambda_0\in P_\sigma(A)$, 对应的特征函数 $\phi\in N((A-\lambda_0I))$ 满足

$$\phi=\varepsilon_{\lambda_0}\otimes a,\quad \varDelta(\lambda_0)a=0. \tag{5.17}$$

$\sigma(A)$ 的孤立点 λ_0 为 $\varDelta(\lambda)^{-1}$ 的极点.

豫解式 $R(\lambda,A)=(\lambda I-A)^{-1}$ 为

$$R(\lambda,A)\psi=\varepsilon_\lambda\otimes\varDelta(\lambda)^{-1}(\psi(0)+L(M_\lambda\psi))+M_\lambda\psi.$$

若 λ_0 为 $\sigma(A)$ 的孤立点, 则 $\varDelta(\lambda)^{-1}$ 的 k 阶极点 λ_0 为 $R(\lambda,A)$ 的 k 阶极点.

证明 依据上面的讨论, 令 $\phi(0)=a$, 则

$$(\lambda I-A)\phi=\psi\iff\begin{cases}\phi=\varepsilon_\lambda\otimes a+M_\lambda\psi\\ \varDelta(\lambda)a=\psi(0)+L(M_\lambda\psi).\end{cases}$$

讨论 $\psi=0$ 的情形. $(\lambda I-A)\phi=0$ 具有非平凡解 $\phi\neq0$ 与 $\varDelta(\lambda)a=0$ 具有非平凡解 $a\neq0$ 是等价的, 且解 ϕ 由 (5.17) 给出. 此外, 注意到引理 5.7, 对于任意的 ψ, $(\lambda I-A)\phi=\psi$ 有解 ϕ 与对于任意的 $b\in\mathbf{C}^d$, $\varDelta(\lambda)a=b$ 有解 a 为等价的.

根据正则性定理, 前者同 $\det\varDelta(\lambda)=0$ 等价, 而后者同 $\det\varDelta(\lambda)\neq0$ 等价. 因此, 当 $\lambda\notin P_\sigma(A)$ 时, $\lambda I-A$ 为 $D(A)$ 到 $C([-r,0],\mathbf{C}^d)$ 的一一映射, 且逆映射为

$$(\lambda I-A)^{-1}\psi=\varepsilon_\lambda\otimes\varDelta(\lambda)^{-1}(\psi(0)+L(M_\lambda\psi))+M_\lambda\psi.$$

由引理 5.7, 上式的右端为 $C([-r,0],\mathbf{C}^d)$ 上的连续映射, 有 $\lambda\in\rho(A)$.

此外, 在 λ_0 邻域中, 若有展开式

$$\varDelta(\lambda)^{-1}=(\lambda-\lambda_0)^{-k}D_{-k}+(\lambda-\lambda_0)^{-k+1}D_{-k+1}+\cdots,\quad D_{-k}\neq 0,\ \ k\geqslant 1,$$

则

$$(\lambda I-A)^{-1}\psi=\sum_{n=-k}^{+\infty}(\lambda-\lambda_0)^nP_n\psi,$$

且 $P_{-k}\psi$ 可表示为

$$P_{-k}\psi=\varepsilon_{\lambda_0}\otimes D_{-k}(\psi(0)+L(M_{\lambda_0}\psi)).$$

由于 $D_{-k}\neq 0$, 由引理 5.7 可知, 存在 ψ 使得 $D_{-k}(\psi(0)+L(M_{\lambda_0}\psi))\neq 0$. 所以 $P_{-k}\neq 0$, 且 λ_0 为 $R(\lambda,A)$ 的 k 阶极点. 证毕.

若 λ_0 为 $R(\lambda,A)$ 的 k 阶极点, 由 5.4 节讨论可知 λ_0 的一般特征空间 $\mathcal{M}_{\lambda_0}$ 为 $N((A-\lambda_0I)^k)$, 且有

$$C([-r,0],\mathbf{C}^d)=N((A-\lambda_0I)^k)\oplus R((A-\lambda_0I)^k).$$

下面计算 $N((A-\lambda_0I)^k)$.

定理 5.15 设方程 (5.11) 的解半群 $T(t)$ 的生成元为 A, 则 $\phi\in N((A-\lambda I)^n)$ 的充分必要条件为

$$\phi=\sum_{i=0}^{n-1}\frac{1}{i!}\varepsilon_\lambda^{(i)}\otimes a_i\quad \text{且}\quad D_{n-1}(\lambda)\mathrm{col}[a_0,a_1,\cdots,a_{n-1}]=0.$$

证明 注意到 $x_t(\phi)$ 的定义, 当 $t+\theta\geqslant 0$ 时, $x_t(\theta,\phi)=x(t+\theta,\phi)=x_{t+\theta}(0,\phi)$. 所以, 有

$$[T(t)\phi](\theta)=[T(t+\theta)\phi](0),\quad t+\theta\geqslant 0.\tag{5.18}$$

对于满足 $(A-\lambda I)^n\phi=0$ 的函数 ϕ, 令 $\phi^k=(A-\lambda I)^k\phi,\ k=0,1,2,\cdots$. 由定理 5.12(i) 可知

$$T(t)\phi=\mathrm{e}^{\lambda t}\sum_{k=0}^{n-1}\frac{t^k}{k!}\phi^k.$$

因此,

$$x(t,\phi)=(T(t)\phi)(0)=\mathrm{e}^{\lambda t}\sum_{k=0}^{n-1}\frac{t^k}{k!}a_k,\tag{5.19}$$

其中 $a_k=\phi^k(0)$. 由于当 $t\geqslant 0$ 时, $x(t,\phi)$ 满足方程 (5.11), 由引理 5.2 可得

$$D_{n-1}(\lambda)\mathrm{col}[a_0,a_1,\cdots,a_{n-1}]=0.$$

注意到 (5.18), 有

$$e^{\lambda t}\sum_{k=0}^{+\infty}\frac{t^k}{k!}\phi^k(\theta)=e^{\lambda(t+\theta)}\sum_{k=0}^{+\infty}\frac{(t+\theta)^k}{k!}\phi^k(0),\quad t+\theta\geqslant 0.$$

由于 $\phi^k=0,\ k\geqslant n$, 由二项式定理可知右端的和可以写为

$$\sum_{k=0}^{+\infty}\frac{(t+\theta)^k}{k!}\phi^k(0)=\sum_{k=0}^{+\infty}\frac{t^k}{k!}\sum_{i=0}^{+\infty}\frac{\theta^i}{i!}\phi^{k+i}(0).$$

所以

$$\phi^k(\theta)=e^{\lambda\theta}\sum_{i=0}^{+\infty}\frac{\theta^i}{i!}a_{k+i}.$$

特别地, 当 $k=0$ 时, 有

$$\phi(\theta)=e^{\lambda\theta}\sum_{i=0}^{n-1}\frac{\theta^i}{i!}a_i.$$

反之, 当 $n=1$ 时, 由定理 5.14 可知结论成立. 设当 $n-1$ 时结论成立, ϕ, a_0, a_1, $\cdots$, a_{n-1} 如同定理所给. 这时, 由于 (5.19) 右端的函数为方程 (5.11) 的解, 则

$$\phi'(0)=x'(0)=L(x_0)=L(\phi).$$

所以 $\phi\in D(A)$. 又因 $(\partial/\partial\theta)(\theta^i e^{\lambda\theta})=(i\theta^{i-1}+\lambda\theta^i)e^{\lambda\theta}=i\varepsilon_\lambda^{(i-1)}+\lambda\varepsilon_\lambda^{(i)}$, 故

$$\phi'(\theta)=\sum_{i=1}^{n-1}\frac{1}{(i-1)!}\varepsilon_\lambda^{(i-1)}\otimes a_i+\lambda\phi=\sum_{j=0}^{n-2}\frac{1}{j!}\varepsilon_\lambda^{(j)}\otimes a_{1+j}+\lambda\phi.$$

因而,

$$A\phi-\lambda\phi=\sum_{j=0}^{n-2}\frac{1}{j!}\varepsilon_\lambda^{(j)}\otimes a_{1+j}.$$

若 $D_{n-1}\mathrm{col}[a_0,a_1,\cdots,a_{n-1}]=0$, 则 $D_{n-2}\mathrm{col}[a_1,a_2,\cdots,a_{n-2}]=0$. 由归纳法的假设可知 $A\phi-\lambda\phi\in N((A-\lambda I)^{n-1})$. 于是, $((A-\lambda I)^n)\phi=0$. 证毕.

定理 5.16 设 λ_0 为 $\det\Delta(\lambda)$ 的 m 阶零点, 且为 $\Delta(\lambda)^{-1}$ 的 k 阶极点, 则如下的直和分解

$$C([-r,0],\mathbf{C}^d)=N((A-\lambda_0 I)^k)\oplus R((A-\lambda_0 I)^k)$$

成立, 且 $\dim N((A-\lambda_0 I)^k)=m$, 即 $\mathcal{M}_{\lambda_0}(A)=N((A-\lambda_0 I)^k)$, 特征值 $\lambda_0\in P_\sigma(A)$ 的代数维数为 m, 指数为 k.

证明 由定理 5.14, λ_0 满足定理的条件时, λ_0 为 $R(\lambda, A)$ 的 k 阶极点. 所以, 由定理 5.11 可知, $N(A-\lambda_0 I)^j = N(A-\lambda_0 I)^k$ $(j \geqslant k)$, 且 $C([-r,0],\mathbf{C}^d)$ 可以分解为定理中的形式.

接下来证明 $\dim N((A-\lambda_0 I)^k) = m$. 由定理 5.14 可知, λ_0 为 $R(\lambda, A)$ 的 k 阶极点. 由定理 5.11 可知, 当 $n \geqslant k$ 时, $N((A-\lambda_0 I)^n) = N((A-\lambda_0 I)^k)$. 所以, $\dim N((A-\lambda_0 I)^k) = \dim N((A-\lambda_0 I)^n)$. 这时, 由引理 5.3 和定理 5.15 可知, $\dim N((A-\lambda_0 I)^n) = \dim N(D_{n-1}(\lambda_0))$ 成立. 同时, 由定理 5.7 可知, 当 $n-1 \geqslant m$ 时, $\dim N(D_{n-1}(\lambda_0)) = m$. 于是, 有 $\dim N((A-\lambda_0 I)^k) = m$. 证毕.

推论 5.6 若 λ_0 为 $\Delta(\lambda)^{-1}$ 的 k 阶极点, 则当 $n \geqslant k-1$ 时,

$$\dim N(D_n(\lambda_0)) = m.$$

证明 一般地, 有

$$\dim N(D_n(\lambda_0)) \leqslant \dim N(D_{n+1}(\lambda_0)), \quad n = 0, 1, 2, \cdots \tag{5.20}$$

成立. 其实, 若 $D_n(\lambda_0)\hat{a}_n = 0$, 在 $\hat{a}_n$ 中增加 d 维零向量后所得向量

$$\hat{a}_{n+1} = \mathrm{col}[a_0, a_1, \cdots, a_n, 0]$$

满足 $D_{n+1}(\lambda_0)\hat{a}_{n+1} = 0$. 由此可知维数不等式 (5.20) 成立.

设 $n \geqslant k-1$. 由定理 5.8 可知, $\dim N(D_{k-1}(\lambda_0)) \leqslant \dim N(D_n(\lambda_0)) \leqslant m$ 成立. 再由定理 5.16 可得 $\dim N(D_{k-1}(\lambda_0)) = \dim N((A-\lambda_0 I)^k) = m$. 所以, $\dim N(D_n(\lambda_0)) = m$. 证毕.

由上述分析, 对 5.2 节最后给出的疑问可以给出肯定的回答, 即定理 5.8 可以叙述为下面结论.

定理 5.17 若 λ 为方程 (5.11) 的特征根, 且

$$\hat{a}_n := \mathrm{col}[a_0, a_1, \cdots, a_n]$$

为 $D_n(\lambda)\hat{a}_n = 0$ 的非零解, 则指数函数与多项式的乘积表示的非零函数

$$x(t) = \mathrm{e}^{\lambda t}\sum_{i=0}^{n}\frac{t^i}{i!}a_i$$

为方程 (5.11) 的解. 若 λ 为 $\det \varDelta(\zeta)$ 的 m 阶零点, 且为 $\varDelta(\zeta)^{-1}$ 的 k 阶极点, 则这样的解可通过令 $m = k-1$ 求出, 且解的全体的维数为 m.

由推论 5.5 和定理 5.16 可知如下的定理成立.

定理 5.18 若 $\lambda_1, \lambda_2, \cdots, \lambda_p \in P_\sigma(A)$, 令

$$\alpha = \min\{\mathrm{Re}\,\lambda_j : j = 1, 2, \cdots, p\}, \quad \omega = \max\{\mathrm{Re}\,\lambda_j : j = 1, 2, \cdots, p\}.$$

若对任意的 $\varepsilon>0$, 存在某个 M_ε 使得

$$\phi\in\mathcal{M}_\Lambda(A):=\mathcal{M}_{\lambda_1}(A)\oplus\mathcal{M}_{\lambda_2}(A)\oplus\cdots\oplus\mathcal{M}_{\lambda_p}(A),$$

则

$$\|T(t)\phi\|\leqslant M_\varepsilon \mathrm{e}^{(\omega+\varepsilon)t}\|\phi\|,\quad t>0,$$

$$\|T(t)\phi\|\leqslant M_\varepsilon \mathrm{e}^{(\alpha-\varepsilon)t}\|\phi\|,\quad t<0.$$

利用泛函分析的知识, 可以得到当 $t\geqslant r$ 时 $T(t)$ 为紧的, 并利用解半群生成元的谱分解理论, 可证得如下的结论.

定理 5.19 在定理 5.18 的条件下, 由推论 5.4 可知直和分解

$$C([-r,0],\mathbf{C}^d)=\mathcal{M}_\Lambda(A)\oplus\bigcap_{j=1}^{n}R((A-\lambda_j)^{k_j})$$

成立. 补空间 $\mathcal{N}_\Lambda(A):=\bigcap_{j=1}^{n}R((A-\lambda)^{k_j})$ 为 $T(t)$ 的不变子空间: $T(t)\mathcal{N}_\Lambda(A)\subset\mathcal{N}_\Lambda(A)$, $t\geqslant 0$. 若令

$$\beta:=\max\{\mathrm{Re}\,\lambda:\lambda\in P_\sigma(A)\backslash\Lambda\},$$

则对任意的 $\varepsilon>0$, 存在某个 $N_\varepsilon>0$, 使得

$$\|T(t)\phi\|\leqslant N_\varepsilon \mathrm{e}^{(\beta+\varepsilon)t}\|\phi\|,\quad \phi\in\mathcal{N}_\Lambda(A),\ t\geqslant 0.$$

第 6 章 Liapunov 方法

第 3 章中简单介绍了 Liapunov 方法在时滞微分方程中的应用, 本章中继续讨论这一方法.

6.1 Liapunov 泛函

考虑如下的时滞微分方程

$$x'(t) = f(t, x_t), \tag{6.1}$$

其中 Ω 为 $C = C([-r, 0], \mathbf{R}^n)$ 中含有零元的区域, f 为由区域 $D = \{(t, \phi)\colon 0 \leqslant t < +\infty, \phi \in \Omega\}$ 到 $\mathbf{R}^n$ 的全连续泛函. 进一步设方程 (6.1) 具有零解, 即 $f(t, 0) \equiv 0$ 成立.

由于方程 (6.1) 的相空间为函数空间 C, 讨论方程 (6.1) 零解的稳定性时, 可自然地想到将 3.1 节有关常微分方程情形的 Liapunov 函数扩展为 Liapunov 泛函. 为此, 考虑区域 D 上的实值连续泛函 $V(t, \phi)$. $V(t, \phi)$ 沿方程 (6.1) 解的导数 $\dot{V}_{(6.1)}(t, \phi)$ 定义为

$$\dot{V}_{(6.1)}(t, \phi) = \limsup_{h \to 0+} \frac{V(t + h, x_{t+h}(t, \phi)) - V(t, \phi)}{h}, \tag{6.2}$$

其中 $x(t) = x(t, \phi)$ 为方程 (6.1) 过 (t, ϕ) 的解.

注 6.1 一般地, 对于 $(t, \phi) \in D$, $\dot{V}_{(6.1)}(t, \phi)$ 的值并非唯一确定. 但是, 若方程 (6.1) 的解是唯一的, 则 $\dot{V}_{(6.1)}(t, \phi)$ 的值亦唯一确定, 且对于方程 (6.1) 的解 $x(t)$, 函数 $v(t) = V(t, x_t)$ 满足

$$\dot{V}_{(6.1)}(t, x_t) = \limsup_{h \to 0+} \frac{v(t + h) - v(t)}{h}.$$

特别地, 若 $v(t)$ 关于 t 可微时, 有

$$\dot{V}_{(6.1)}(t, x_t) = \frac{\mathrm{d}}{\mathrm{d}t} v(t).$$

此外, 若 $v(t)$ 关于 t 不可微, 则 $\dot{V}_{(6.1)}$ 表示更为一般意义下的 Dini 导数 (参见附录 B).

下面给出方程 (6.1) 零解稳定性的定义.

定义 6.1 对于任意的 $\phi \in C([-r,0],\mathbf{R}^n)$, 令 $\|\phi\| = \sup_{-r\leqslant s\leqslant 0}|\phi(s)|$.

(i) 方程 (6.1) 的零解称为是**稳定**的, 若对任意的 $\varepsilon > 0$ 和任意的初始时刻 t_0, 存在某个 $\delta(\varepsilon, t_0) > 0$, 使得对于任意的初始函数 ϕ, 有

$$\|\phi\| < \delta(\varepsilon, t_0) \quad \Longrightarrow \quad \|x_t(t_0,\phi)\| < \varepsilon \quad (t \geqslant t_0)$$

成立. 特别地, 当 $\delta(\varepsilon, t_0)$ 与 t_0 无关时, 称零解为**一致稳定** 的.

(ii) 方程 (6.1) 的零解称为是**吸引**的, 若存在某个 $\delta_0 > 0$, 使得对于任意的初始函数 ϕ 和初始时刻 t_0, 过 (t_0,ϕ) 的解 $x(t)$ 有

$$\|\phi\| < \delta_0 \quad \Longrightarrow \quad \lim_{t\to+\infty} x(t) = 0$$

成立. 特别地, 当收敛性关于初始时刻 t_0 为一致时, 即对于任意 $\varepsilon > 0$, 存在某个 $T(\varepsilon) > 0$, 使得对于任意的 (t_0,ϕ), 有

$$\|\phi\| < \delta_0 \quad \Longrightarrow \quad \|x_t(t_0,\phi)\| < \varepsilon \quad (t \geqslant t_0 + T(\varepsilon))$$

成立, 称零解为**一致吸引**的.

(iii) 方程 (6.1) 的零解称为是**(一致) 渐近稳定**的, 若方程 (6.1) 的零解 (一致) 稳定, 且为 (一致) 吸引的.

本节和 6.2 节中, 为了避免讨论的复杂性, 只考虑零解的一致稳定性, 至于同初始时刻相关的稳定性, 也有类似结果①.

类似于第 3 章的定理 3.2, 有如下定理.

定理 6.1 对于方程 (6.1), 若存在定义于 D 上的 Liapunov 泛函 $V(t,\phi)$ 以及定义在区间 $[0,H)$ $(H>0)$ 上的连续、正定函数 w_i $(i=1,2,3)$ 使得满足下列性质:

(i) $w_1(\|\phi\|) \leqslant V(t,\phi) \leqslant w_2(\|\phi\|)$,

(ii) $\dot{V}_{(6.1)}(t,\phi) \leqslant -w_3(\|\phi\|)$,

则方程 (6.1) 的零解为一致渐近稳定的.

证明 首先, 证明零解的一致稳定性, 即对于任意的正数 ε, 存在与初始值 $(t_0,\phi)\in D$ 无关的正数 $\delta = \delta(\varepsilon)$ 使得满足

$$\|\phi\| < \delta(\varepsilon) \quad \Longrightarrow \quad \|x_t(t_0,\phi)\| < \varepsilon \quad (t \geqslant t_0). \tag{6.3}$$

由 w_1, w_2 的正定性可知

$$^\exists\delta > 0, \quad \text{使得} \quad w_2(\xi) < w_1(\varepsilon) \quad (\xi \in [0,\delta)). \tag{6.4}$$

① 参考文献 [5] 或文献 [23].

下面只考虑满足 $\|\phi\| < \delta$ 的初始函数. 设 $x_t = x_t(t_0, \phi)$, 则由定理的条件 (ii) 可知 $V(t, x_t)$ 为 t 的减函数. 再由条件 (i) 可知, 当 $t \geqslant t_0$ 时, 有

$$w_1(\|x_t\|) \leqslant V(t, x_t) \leqslant V(t_0, x_{t_0}) \leqslant w_2(\|x_{t_0}\|).$$

所以

$$w_1(\|x_t\|) \leqslant w_2(\|\phi\|). \tag{6.5}$$

另一方面, 由初始函数的取法和 (6.4) 可得 $w_2(\|\phi\|) \leqslant w_1(\varepsilon)$. 因而, 由 (6.5) 有 $w_1(\|x_t\|) < w_1(\varepsilon)$, 即 (6.3) 成立.

接下来证明一致吸引性. 适当选取正数 H', 满足 $H' < H$. 对于 H', 令 $\delta_0 = \delta(H')$, 由 (6.3) 可知, 当 $t \geqslant t_0$ 时, 有 $\|x_t(t_0, \phi)\| < H'$. 下面只考虑满足 $\|\phi\| < \delta_0$ 的初始函数的解 $x_t = x_t(t_0, \phi)$. 对于任意的正数 $\varepsilon < H'$, 设 $\delta = \delta(\varepsilon)$. 记 $B_0 = \max\{w_2(\xi) \colon \xi \in [0, \delta_0]\}$, $L(\varepsilon) = \min\{w_3(\xi) \colon \delta \leqslant \xi \leqslant H'\}$, $B(\varepsilon) = \min\{w_1(\xi) \colon \delta \leqslant \xi \leqslant H'\}$, $T(\varepsilon) = (B_0 - B(\varepsilon)/2)/L(\varepsilon)$. 显然, $T = T(\varepsilon)$ 只依赖于 ε, 且与初始值 $(t_0, \phi) \in D$ 无关. 对于上述 T, 若能够证明有

$$^{\exists}t_1 \in [t_0, t_0 + T], \quad \text{使得} \quad \|x_{t_1}\| < \delta \tag{6.6}$$

成立, 则由一致稳定性可知, 当 $t \geqslant t_0 + T$ 时, 有 $\|x_t\| < \varepsilon$, 即表明零解是一致吸引的.

不妨设 (6.6) 不成立, 即对于满足 $t \in [t_0, t_0 + T]$ 的所有的 t, 有 $\|x_t\| \geqslant \delta$ 成立. 由定理的条件 (ii) 知, 当 $t = t_0 + T$ 时, 有

$$V(t, x_t) \leqslant V(t_0, x_{t_0}) - \int_{t_0}^{t} w_3(\|x_s\|)\mathrm{d}s \leqslant V(t_0, \phi) - L(\varepsilon)T.$$

另一方面, 注意到 $V(t_0, \phi) \leqslant w_2(\|\phi\|) \leqslant B_0$ 以及 $w_1(\|x_t\|) \leqslant V(t, x_t)$, 有

$$w_1(\|x_t\|) < B_0 - L(\varepsilon)T = \frac{B(\varepsilon)}{2} < B(\varepsilon),$$

这与 $\|x_t\| \geqslant \delta$ 相矛盾. 因此, (6.6) 成立. 于是, 方程 (6.1) 的零解为一致渐近稳定的. 证毕.

定理 6.1 为定理 3.2 的自然推广. 然而, 构造出满足定理 6.1 的 Liapunov 泛函是非常困难的, 特别是验证 w_1 以及 w_3 的存在性很难. 下面的定理对此作了适当改进.

定理 6.2 若方程 (6.1) 满足

$$|f(t, \phi)| \leqslant M \quad (\|\phi\| < \alpha), \tag{H}$$

其中正数 M 依赖于 α. 又设定义于 D 上的 Liapunov 泛函 $V(t,\phi)$ 以及定义于区间 $[0,H)$ $(H>0)$ 上的连续、正定函数 w_i $(i=1,2,3)$ 满足下列条件:

(i) $w_1(|\phi(0)|)\leqslant V(t,\phi)\leqslant w_2(\|\phi\|)$;

(ii) $\dot{V}_{(6.1)}(t,\phi)\leqslant -w_3(|\phi(0)|)$,

则方程 (6.1) 的零解为一致渐近稳定的.

证明 一致稳定性的证明完全类似于定理 6.1, 只要注意到对应于 (6.5), 有

$$w_1(|x(t)|)\leqslant w_2(\|\phi\|).$$

下面证明一致吸引性. 类似于定理 6.1 的证明, 选取正数 H', 使得 $H'<H$. 对于 H', 令 $\delta_0=\delta(H')$. 由 (6.3) 可知, 当 $t\geqslant t_0$ 时, 有 $\|x_t(t_0,\phi)\|<H'$. 因此, 下面只考虑满足 $\|\phi\|<\delta_0$ 的初始函数的解 $x(t)=x(t_0,\phi)$. 对于任意的正数 $\varepsilon<H'$, 满足 (6.3) 的 $\delta(\varepsilon)$ 记为 δ. 又记 $B_0=\max\{w_2(\xi)\colon \xi\in[0,\delta_0]\}$, $L(\varepsilon)=\min\{w_3(\xi)\colon \delta/2\leqslant\xi\leqslant H'\}$, $B(\varepsilon)=\min\{w_1(\xi)\colon \delta\leqslant\xi\leqslant H'\}$, $\tau=\min\{\delta/M,r\}$. 设 K 为大于 $(B_0-B(\varepsilon)/2)/(2\tau L(\varepsilon))$ 的最小的自然数, 且 $T(\varepsilon)=2(K+1)r$. 若对任意的 $t\in[t_0,t_0+T(\varepsilon)]$, 有 $\|x_t\|\geqslant\delta$ 成立. 这时, 存在点列 $\{t_k\}$, $k=1,\cdots,K+1$, 满足

$$t_k\in[t_0+(2k-1)r,t_0+2kr] \quad 且 \quad |x(t_k)|\geqslant\delta.$$

注意到 $|f(t,\phi)|\leqslant M$, 有

$$|x(t)|>\frac{\delta}{2}\quad\left(t\in\left[t_k-\frac{\delta}{2M},t_k+\frac{\delta}{2M}\right]\right).$$

由定理 6.2 的条件 (ii) 知, 对于 $t\in[t_0+(2K+1)r,t_0+T(\varepsilon)]$, 有

$$\begin{aligned}V(t,x_t)&\leqslant V(t_0,\phi)-\int_{t_0}^{t}w_3(|x(s)|)\mathrm{d}s\\&\leqslant B_0-\sum_{k=1}^{K}\int_{t_k-\tau}^{t_k+\tau}w_3(|x(s)|)\mathrm{d}s\\&\leqslant B_0-2K\tau L(\varepsilon)\\&\leqslant\frac{B(\varepsilon)}{2}\end{aligned}$$

成立. 若令 $t=t_{K+1}$, 则有 $B(\varepsilon)\leqslant B(\varepsilon)/2$, 这是一个矛盾. 故在区间 $[t_0,t_0+T(\varepsilon)]$ 上存在 t 使得 $\|x_t\|<\delta$ 成立. 于是, 由 (6.3) 可知, 当 $t\geqslant t_0+T(\varepsilon)$ 时, 有 $\|x_t\|<\varepsilon$. 证毕.

例 6.1 考虑标量方程

$$x'(t)=-ax(t)+bx(t-r),\tag{6.7}$$

其中 $r > 0$, a, $b \in \mathbf{R}$. 首先, 定理 6.2 的条件 (H) 显然成立. 选取 Liapunov 泛函为

$$V(t,\phi) = \frac{1}{2}\phi^2(0) + \mu\int_{-r}^{0}\phi^2(u)\mathrm{d}u, \quad \mu > 0,$$

检验定理 6.2 是否适用上述方程. 若选取

$$w_1(s) = \frac{s^2}{2}, \quad w_2(s) = \left(\frac{1}{2} + \mu r\right)s^2,$$

则可知定理 6.2 的条件 (i) 成立. 此外, 由于

$$\begin{aligned}\dot{V}_{(6.7)}(t,\phi) &= \phi(0)\{-a\phi(0) + b\phi(-r)\} + \mu\{\phi^2(0) - \phi^2(-r)\}\\ &= -(a-\mu)\phi^2(0) + b\phi(0)\phi(-r) - \mu\phi^2(-r)\\ &= -(a-\mu)\phi^2(0) - \mu\left\{\phi(-r) - \frac{b}{2\mu}\phi(0)\right\}^2 + \frac{b^2}{4\mu}\phi^2(0)\\ &\leqslant -\left(a - \mu - \frac{b^2}{4\mu}\right)\phi^2(0),\end{aligned}$$

则可知, 当满足

$$a - \mu > \frac{b^2}{4\mu} \tag{6.8}$$

的正数 μ 存在时, 定理 6.2 的条件 (ii) 亦成立. 因而, 方程 (6.7) 的零解为一致渐近稳定的. 满足条件 (6.8) 的正数 μ 存在的充分必要条件为

$$a > |b|. \tag{6.8$'$}$$

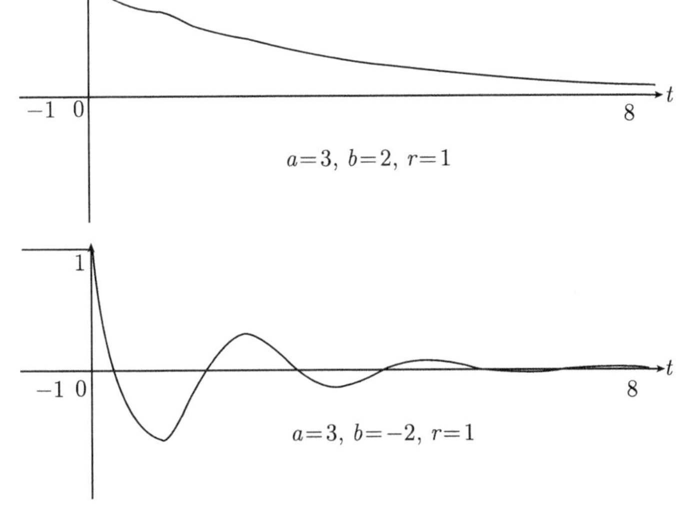

图 6.1 方程 (6.7) 的解曲线

注 6.2　条件 (6.8)′ 所表示的区域为图 6.2 中斜线部分, 而方程 (6.7) 的零解为一致渐近稳定时参数 a, b 所满足的条件为图 6.2 中过 $(-1/r, -1/r)$, $(0, -\pi/2r)$ 的曲线所围成的较大的区域, 此区域的边界由曲线

$$a = b\cos\omega r, \quad -b\sin\omega r = \omega, \quad 0 < \omega < \pi/r$$

所围成 (参见附录一).

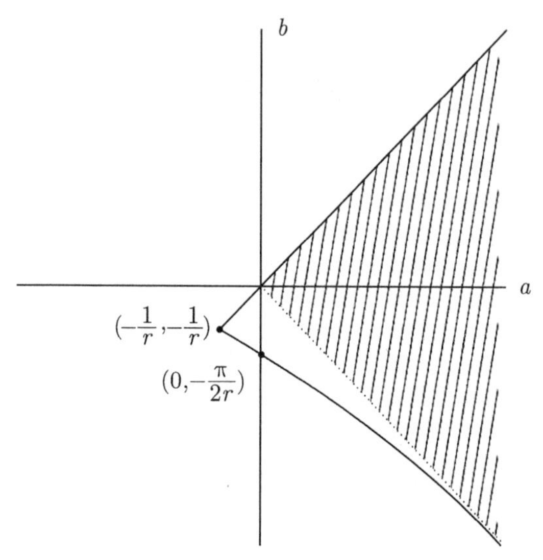

图 6.2　方程 (6.7) 零解的稳定性区域

例 6.2　考虑标量方程

$$x'(t) = -a(t)x(t) + b(t)x(t-r), \tag{6.9}$$

其中 $r > 0$, 且 a, $b \in C([0,\infty), \mathbf{R})$. 首先, 为了满足定理 6.2 的条件 (H), 函数 $a(t)$ 以及 $b(t)$ 必须为有界函数. 选取同例 6.1 中相同的 Liapunov 泛函, 则显然定理 6.2 的条件 (i) 成立. 完全类似于例 6.1 中的计算, 有

$$\dot{V}_{(6.9)}(t,\phi) \leqslant -\left\{a(t) - \mu - \frac{b^2(t)}{4\mu}\right\}\phi^2(0).$$

所以, 满足

$$a(t) - \mu - \frac{b^2(t)}{4\mu} > \delta \quad (t \in [0, +\infty)) \tag{6.10}$$

的正数 μ 以及 δ 存在时, 定理 6.2 的条件 (ii) 亦成立, 故方程 (6.9) 的零解为一致渐近稳定的.

条件 (6.10) 同 Liapunov 泛函的选取有密切的关系. 例如, 当设 $a(t)>0$ 时, 若选取

$$V(t,\phi)=\phi^2(0)+\int_{-r}^{0}a(t+u)\phi^2(u)\mathrm{d}u,$$

则

$$\begin{aligned}\dot V_{(6.9)}(t,\phi)&=2\phi(0)\left\{-a(t)\phi(0)+b(t)\phi(-r)\right\}+\left\{a(t)\phi^2(0)-a(t-r)\phi^2(-r)\right\}\\&=-\left\{a(t)-\frac{b^2(t)}{a(t-r)}\right\}\phi^2(0)-a(t-r)\left\{\phi(-r)-\frac{b(t)}{a(t-r)}\phi(0)\right\}^2\\&\leqslant-\left\{a(t)-\frac{b^2(t)}{a(t-r)}\right\}\phi^2(0).\end{aligned}$$

为了满足定理 6.2 的条件 (ii), 只要存在正数 δ 使得

$$a(t)-\frac{b^2(t)}{a(t-r)}>\delta \tag{6.11}$$

成立即可.

若条件 (6.10) 成立, 则有 $a(t)-|b(t)|>\delta$. 所以, 当 $a(t)$ 为周期为 r 的周期函数时, 有

$$\text{条件}(6.10)\Longrightarrow\text{条件}(6.11).$$

当然, 上述的逆不成立. 作为反例, 如选取

$$a(t)=3+2\sin\frac{2\pi t}{r},\quad b(t)=2+2\sin\frac{2\pi t}{r}.$$

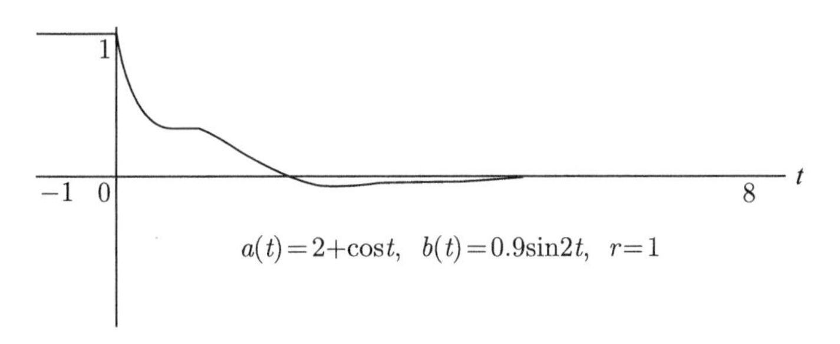

图 6.3 方程 (6.9) 的解曲线

注 6.3 考虑非自治标量方程

$$x'(t)=-a(t)x(t-r), \tag{6.12}$$

其中 $r>0$, $a\in C([0,+\infty),[0,+\infty))$. 若 $a(t)\equiv a_0=$ 常数, 由定理 2.1 可知零解为一致渐近稳定的充分必要条件为

$$0<a_0<\frac{\pi}{2r}.$$

然而, 对于非自治系统而言, 稳定性的条件并非为 $0 < a(t) < \pi/2r$. 实际上, 熟知方程 (6.12) 的零解为一致渐近稳定的充分条件为

$$\liminf_{t\to+\infty}\int_{t-r}^{t} a(s)\mathrm{d}s > 0,\quad \limsup_{t\to+\infty}\int_{t-r}^{t} a(s)\mathrm{d}s < \frac{3}{2}.$$

有具体例子表明在一定条件之下上述条件亦为必要条件①.

例 6.3　考虑非线性标量方程

$$x'(t) = -\int_{t-1}^{t} g(x(s))\mathrm{d}s, \tag{6.13}$$

其中 $g\in C(\mathbf{R},\mathbf{R})$ 满足 $xg(x)>0\ (x\neq 0)$, 且

$$|g(x)|\leqslant c|x| \quad (x\in\mathbf{R}),$$

c 为正常数. 注意到定理 6.2 的条件 (H) 成立. 对于给定的正数 μ, 选取 Liapunov 泛函为

$$V(t,\phi) = \left\{\phi(0) - \int_{-1}^{0}\int_{s}^{0} g(\phi(u))\mathrm{d}u\mathrm{d}s\right\}^2 + \mu\int_{-1}^{0}\int_{s}^{0} g^2(\phi(u))\mathrm{d}u\mathrm{d}s,$$

下面检验定理 6.2 的条件是否成立. 首先, 选取 w_2 为

$$w_2(s) = \left\{\left(1+\frac{c}{2}\right)^2 + \frac{\mu c^2}{2}\right\}s^2.$$

另一方面, 为了选取 w_1, 设

$$I = \int_{-1}^{0}\int_{s}^{0} g(\phi(u))\mathrm{d}u\mathrm{d}s = \int_{-1}^{0}(u+1)g(\phi(u))\mathrm{d}u,$$

则有

$$\begin{aligned}V(t,\phi) &= \phi^2(0) - 2\phi(0)I + I^2 + \mu\int_{-1}^{0}\int_{s}^{0} g^2(\phi(u))\mathrm{d}u\mathrm{d}s\\ &= \frac{1}{2}\phi^2(0) + 2\left\{\frac{1}{2}\phi(0) - I\right\}^2 - I^2 + \mu\int_{-1}^{0}\int_{s}^{0} g^2(\phi(u))\mathrm{d}u\mathrm{d}s\\ &\geqslant \frac{1}{2}\phi^2(0) - I^2 + \mu\int_{-1}^{0}\int_{s}^{0} g^2(\phi(u))\mathrm{d}u\mathrm{d}s.\end{aligned}$$

又因为

$$\begin{aligned}I^2 &= \left|\int_{-1}^{0}(u+1)g(\phi(u))\mathrm{d}u\right|^2\\ &\leqslant \int_{-1}^{0}(u+1)\mathrm{d}u\int_{-1}^{0}(u+1)g^2(\phi(u))\mathrm{d}u = \frac{1}{2}\int_{-1}^{0}\int_{s}^{0} g^2(\phi(u))\mathrm{d}u\mathrm{d}s,\end{aligned}$$

① 可参考文献 [40].

所以, 有

$$V(t,\phi) \geqslant \frac{1}{2}\phi^2(0) - I^2 + 2\mu I^2.$$

若

$$\mu \geqslant \frac{1}{2}, \tag{6.14}$$

并选取 $w_1(s) = s^2/2$, 则定理 6.2 的条件 (i) 成立. 于是, 有

$$\begin{aligned}
\dot{V}_{(6.13)}(t,\phi) =& 2(\phi(0)-I)\left[-\int_{-1}^{0} g(\phi(s))\mathrm{d}s - \int_{-1}^{0}\{g(\phi(0))-g(\phi(s))\}\mathrm{d}s\right] \\
&+\mu\int_{-1}^{0}\left\{g^2(\phi(0))-g^2(\phi(s))\right\}\mathrm{d}s \\
=& -2\phi(0)g(\phi(0)) + 2Ig(\phi(0)) + \mu g^2(\phi(0)) - \mu\int_{-1}^{0} g^2(\phi(s))\mathrm{d}s \\
\leqslant& -2\phi(0)g(\phi(0)) + \frac{1}{3}g^2(\phi(0)) + \int_{-1}^{0} g^2(\phi(s))\mathrm{d}s \\
&+\mu g^2(\phi(0)) - \mu\int_{-1}^{0} g^2(\phi(s))\mathrm{d}s \\
=& -2\phi(0)g(\phi(0)) + \left(\frac{1}{3}+\mu\right)g^2(\phi(0)) - (\mu-1)\int_{-1}^{0} g^2(\phi(s))\mathrm{d}s.
\end{aligned} \tag{6.15}$$

在上面的推导过程中利用了以下不等式:

$$\begin{aligned}
2|Ig(\phi(0))| =& 2\left|\int_{-1}^{0}(u+1)g(\phi(u))g(\phi(0))\mathrm{d}u\right| \\
\leqslant& \int_{-1}^{0}\left\{g^2(\phi(u)) + (u+1)^2 g^2(\phi(0))\right\}\mathrm{d}u \\
=& \int_{-1}^{0} g^2(\phi(u))\mathrm{d}u + \frac{1}{3}g^2(\phi(0)).
\end{aligned}$$

注意到对 g 的假设条件, 由 (6.15) 可得

$$\dot{V}_{(6.13)}(t,\phi) \leqslant -\left\{2-\left(\frac{1}{3}+\mu\right)c\right\}\phi(0)g(\phi(0)) - (\mu-1)\int_{-1}^{0} g^2(\phi(s))\mathrm{d}s.$$

所以, 当 μ 和 c 满足

$$2 > \left(\frac{1}{3}+\mu\right)c, \quad \mu \geqslant 1$$

条件, 即只要

$$c < \frac{3}{2} \tag{6.16}$$

时, (6.14) 和定理 6.2 的条件 (ii) 成立. 因而, 方程 (6.13) 的零解一致渐近稳定.

下面考虑上述充分条件 (6.16). 由第 2.6 节可知方程

$$x'(t) = -a\int_{t-r}^{t} x(s)\mathrm{d}s \tag{6.17}$$

的零解一致渐近稳定的充分必要条件为

$$0 < a < \frac{\pi^2}{2r^2}.$$

另一方面, 利用变换 $y(t) = x(rt)$, 上述方程化为

$$y'(t) = -ar^2\int_{t-1}^{t} y(s)\mathrm{d}s.$$

当 $a > 0$ 时, 此方程具有方程 (6.13) 的形式, 其中 $c = ar^2$. 注意到条件 (6.16), 可知方程 (6.17) 的零解为一致渐近稳定的充分必要条件为

$$0 < a < \frac{3}{2r^2}.$$

例 6.4　考虑如下的方程组:

$$\begin{cases} x'(t)=y(t), \\ y'(t)=-ay(t)-b\sin x(t)+b\displaystyle\int_{-r}^{0} y(t+s)\cos x(t+s)\mathrm{d}s, \end{cases} \tag{6.18}$$

其中 r, a, b 为常数. 为了讨论零解的局部稳定性, 在区域 $D = \{(\phi,\psi) \in C([-r,0],\mathbf{R}^2) : \|\phi\| \leqslant H, \|\psi\| \leqslant H\}$ 上考虑方程组 (6.18).

选取 Liapunov 泛函为

$$V(t,\phi,\psi) = \frac{1}{2}\psi^2(0) + b(1-\cos\phi(0)) + \frac{a}{2r}\int_{-r}^{0}\int_{s}^{0}\psi^2(u)\mathrm{d}u\mathrm{d}s,$$

则当 $H < \pi$ 时, 有

$$\frac{1}{2}\psi^2(0) + \frac{2b}{\pi^2}\phi^2(0) \leqslant V(t,\phi,\psi) \leqslant \frac{1}{2}(\psi^2(0)+b\phi^2(0)) + \frac{ar}{4}\|\psi\|^2.$$

所以, 定理 6.2 的条件 (i) 成立, 并且有

$$\begin{aligned} \dot V_{(6.18)}(t,\phi,\psi) = {} & \psi(0)\left[-a\psi(0) - b\sin\phi(0) + b\int_{-r}^{0}\psi(s)\cos\phi(s)\mathrm{d}s\right] \\ & + b\psi(0)\sin\phi(0) + \frac{a}{2r}\int_{-r}^{0}\{\psi^2(0)-\psi^2(s)\}\mathrm{d}s \end{aligned}$$

$$
\begin{aligned}
&= -\frac{a}{2}\psi^2(0) + b\psi(0)\int_{-r}^{0}\psi(s)\cos\phi(s)\mathrm{d}s - \frac{a}{2r}\int_{-r}^{0}\psi^2(s)\mathrm{d}s \\
&\leqslant -\frac{a}{2}\psi^2(0) + \frac{b}{2}\int_{-r}^{0}\{\psi^2(0)+\psi^2(s)\}\mathrm{d}s - \frac{a}{2r}\int_{-r}^{0}\psi^2(s)\mathrm{d}s \\
&= -\frac{a-br}{2}\left\{\psi^2(0) + \frac{1}{r}\int_{-r}^{0}\psi^2(s)\mathrm{d}s\right\}.
\end{aligned}
$$

由上面的形式可以看出定理 6.2 的条件是难以满足的. 但是, 若 $a > br$, 则 $V(t,\phi,\psi)$ 沿着解的导数是非正的, 故零解为一致稳定的. 实际上, 由 6.3 节的讨论可知此方程组的零解为一致渐近稳定的.

6.2 Liapunov-Razumikhin 方法

6.1 节中介绍了 Liapunov 泛函法. 其实, 这种方法给出的稳定性条件是充分必要的. 然而, 这种方法应用于具体的方程时, 由于 Liapunov 泛函的选取法不同, 给出的稳定性条件有时好些, 有时并不好. 此外, 理想的 Liapunov 泛函的构造可以说还没有一般可行的方法. 本节介绍较 Liapunov 泛函的构造更为容易的另一种方法, 即 Liapunov 函数法.

Liapunov 函数 $V(t,x)$ 是指定义于 $[0,+\infty)\times S_H$ 上的连续实函数, 这里 $S_H=\{x\in\mathbf{R}^n:|x|<H\}$, H 为满足 $\{\phi\in C:\|\phi\|<H\}\subset\Omega$ 的正数. 作为 (6.2) 中给出的 Liapunov 泛函的特殊情形, Liapunov 函数 $V(t,x)$ 沿方程 (6.1) 的解的导数定义为

$$\dot V_{(6.1)}(t,\phi(0)) = \limsup_{h\to0+}\frac{V(t+h,x(t,\phi)(t+h))-V(t,\phi(0))}{h}.$$

叙述稳定性定理之前, 介绍有关时滞微分方程解的比较定理.

引理 6.1 对于非负的连续函数 ω: $[t_0,\beta)\times[0,+\infty)\to[0,+\infty)$ 及 v: $[\alpha,\beta)\to[0,+\infty)$, 若当 $v(s)\leqslant v(t)$ $(t\in(t_0,\beta),\ s\in(\alpha,t])$ 时, 有

$$\limsup_{h\to0+}\frac{v(t+h)-v(t)}{h}\leqslant\omega(t,v(t)) \tag{6.19}$$

成立, 其中 $t_0\in[\alpha,\beta)$. 又设对于 $r_0\geqslant\sup_{\alpha\leqslant s\leqslant t_0}v(s)$, 常微分方程初值问题

$$r'=\omega(t,r),\quad r(t_0)=r_0 \tag{6.20}$$

的最大解 $r(t)$ 于区间 $[t_0,\beta)$ 上存在, 则

$$v(t)\leqslant r(t),\quad t\in[t_0,\beta).$$

证明 对于任意固定的 $\bar{\beta} \in (t_0, \beta)$ 以及 $k \in \mathbf{N}$, $r(t;k)$ 表示常微分方程

$$r' = \omega(t, r) + \frac{1}{k} \quad (t_0 \leqslant t < \bar{\beta})$$

满足初始条件 $r(t_0) = r_0$ 的解. 对于 $t \in [t_0, \bar{\beta})$, 初值问题 (6.20) 的最大解为 $r(t) = \lim_{k\to+\infty} r(t;k)$①. 对于某个 $k \in \mathbf{N}$, 设存在 $\hat{t} \in (t_0, \bar{\beta})$, 使得 $v(\hat{t}) > r(\hat{t};k)$. 注意到 $v(t_0) \leqslant r_0 = r(t_0;k)$, 有

$$^{\exists}t_1 = \sup\{t \in [t_0, \bar{\beta})\colon v(s) \leqslant r(s;k) \quad (s \in [t_0, t])\}.$$

显然, $t_1 \in [t_0, \bar{\beta})$, $v(t_1) = r(t_1;k)$, 且对于 $s \in [t_0, t_1]$, 有 $v(s) \leqslant r(s;k)$ 成立. 此外, 由 $\omega(t,r) \geqslant 0$ 可知, 对于 $s \in (t_0, t_1]$, 有 $r'(t;k) > 0$, $r(s;k) \leqslant r(t_1;k)$. 再注意到 $\sup_{\alpha \leqslant s \leqslant t_0} v(s) \leqslant r_0 = r(t_0;k)$, 有

$$v(s) \leqslant v(t_1) \qquad (s \in [\alpha, t_1]).$$

所以, 对于 $t = t_1$, (6.19) 成立. 另外, 由 t_1 的选取法可知, 存在收敛于 0 的正的点列 $\{\Delta t_n\}$ 使得满足 $v(t_1 + \Delta t_n) > r(t_1 + \Delta t_n; k)$. 注意到

$$v(t_1 + \Delta t_n) - v(t_1) > r(t_1 + \Delta t_n; k) - r(t_1; k),$$

则有

$$\begin{aligned}\limsup_{n\to+\infty} \frac{v(t_1 + \Delta t_n) - v(t_1)}{\Delta t_n} &\geqslant \limsup_{n\to+\infty} \frac{r(t_1 + \Delta t_n; k) - r(t_1;k)}{\Delta t_n} \\ &= r'(t_1;k) = \omega(t_1, r(t_1;k)) + \frac{1}{k}.\end{aligned}$$

所以,

$$\omega(t_1, v(t_1)) \geqslant \omega(t_1, v(t_1)) + \frac{1}{k}.$$

这同 $k > 0$ 相矛盾. 于是, 对于任意的 $k \in \mathbf{N}$, 在区间 $[t_0, \bar{\beta})$ 上, 有 $v(t) \leqslant r(t;k)$ 成立. 因而, 在区间 $[t_0, \bar{\beta})$ 上, $v(t) \leqslant r(t)$ 成立. 所以, 根据 $\bar{\beta}$ 的任意性, 可知引理的结论成立. 证毕.

定理 6.3 对于方程 (6.1), 若存在定义于 $[0, +\infty) \times S_H$ 上的 Liapunov 函数 $V(t,x)$ 以及定义于 $[0, H)$ 上的连续、非减、正定函数 w_i $(i = 1, 2)$ 和正数 h 满足下列条件:

(i) $w_1(|x|) \leqslant V(t,x) \leqslant w_2(|x|)$;

(ii) $V(t+s, \phi(s)) \leqslant V(t, \phi(0)) \quad (s \in [-h, 0]) \Longrightarrow \quad \dot{V}_{(6.1)}(t, \phi(0)) \leqslant 0$,

---

① 参考文献 [18], pp.53–54.

则方程 (6.1) 的零解一致稳定.

证明 对于 $\varepsilon > 0$, 选取 $\delta > 0$ 满足 $w_2(\delta) < w_1(\varepsilon)$. 对于满足 $\|\phi\| < \delta$ 的初始函数, $x(t)$ 表示方程 (6.1) 的解, 并记 $v(t) = V(t, x(t))$. 由引理 6.1 可知当 $t \geqslant t_0$ 时, 有 $V(t, x(t)) \leqslant w_2(\delta)$. 进而有 $|x(t)| < \varepsilon$, 即一致稳定性成立. 证毕.

定理 6.3 的条件 (ii), 即

(RC1)
$$\boxed{\begin{aligned} &V(t+s, \phi(s)) \leqslant V(t, \phi(0)) \quad (s \in [-h, 0]) \\ &\Longrightarrow \dot{V}_{(6.1)}(t, \phi(0)) \leqslant 0 \end{aligned}}$$

称为 Razumikhin 条件. 采用第 3 章中类似的讨论, 利用上述条件可以得到不同类型的稳定性判定条件.

定理 6.4 对于方程 (6.1), 若存在定义于 $[0, +\infty) \times S_H$ 上的 Liapunov 函数 $V(t, x)$ 以及定义于 $[0, H)$ 上的连续、非减的正定函数 w_i $(i = 1, 2, 3)$ 和定义于 $[0, +\infty)$ 上的连续函数 p: $p(s) > s$ $(s > 0)$ 满足下列条件:

(i) $w_1(|x|) \leqslant V(t, x) \leqslant w_2(|x|)$;

(ii) $V(t+s, \phi(s)) \leqslant p(V(t, \phi(0))) \quad (s \in [-h, 0])$

$\Longrightarrow \quad \dot{V}_{(6.1)}(t, \phi(0)) \leqslant -w_3(|\phi(0)|)$,

则方程 (6.1) 的零解一致渐近稳定.

证明 由于定理 6.3 的条件成立, 所以零解一致稳定, 即对任意的正数 ε, 存在同初始条件 $(t_0, \phi) \in D$ 无关的正数 $\delta = \delta(\varepsilon)$ 使得

$$\|\phi\| < \delta(\varepsilon) \Longrightarrow \|x_t(t_0, \phi)\| < \varepsilon \quad (t \geqslant t_0) \tag{6.21}$$

成立.

下面证明一致吸引性. 选取正数 H' 使得 $H' < H$. 对于这样的 H', 记 $\delta_0 = \delta(H')$. 考虑满足 $\|\phi\| < \delta_0$ 的初始函数的解 $x(t) = x(t_0, \phi)$. 由 (6.21) 可知当 $t \geqslant t_0$ 时, 有 $\|x_t(t_0, \phi)\| < H'$. 对于任意固定的 $\varepsilon > 0$, 选取如下参数:

$$^{\exists}a = a(\varepsilon) > 0\colon\ p(s) > s + a, \quad s \in [w_1(\varepsilon), w_2(H')]; \tag{6.22}$$

$^{\exists}N = N(\varepsilon) \in \mathbf{N}\colon\ w_1(\varepsilon) + Na \geqslant w_2(H')$;

$\varepsilon_j \equiv w_1(\varepsilon) + (N - j)a \quad (j = 0, 1, \cdots, N)$;

$$^{\exists}m = m(\varepsilon) > 0\colon\ w_3(s) \geqslant m \quad 若 \quad w_2(H') \geqslant w_2(s) \geqslant w_1(\varepsilon); \tag{6.23}$$

$t_j \equiv t_0 + j \max\left\{r, \dfrac{a}{m}\right\} \quad (j = 0, 1, \cdots, N)$;

$I_j \equiv [t_j, t_{j+1}]$.

断言: 对于任意的 $j = 0, 1, \cdots, N$, 有

$$V(t, x(t)) \leqslant \varepsilon_j \quad (t \geqslant t_j).$$

断言的证明 对于 $j=0$, 当 $t \geqslant t_0$ 时, 显然有 $V(t,x(t)) \leqslant w_2(|x(t)|) \leqslant w_2(H') \leqslant \varepsilon_0$.

设对于 $j=\hat{j}-1$ 时结论成立. 首先, 利用反证法证明

$$^{\exists}\hat{t} \in I_{\hat{j}}: \quad V(\hat{t},x(\hat{t})) \leqslant \varepsilon_{\hat{j}} \tag{6.24}$$

成立. 假设有

$$V(t,x(t)) > \varepsilon_{\hat{j}} \quad (t \in I_{\hat{j}})$$

成立. 在区间 $I_{\hat{j}}$ 上, 由于 $V(t,x(t)) \geqslant w_1(\varepsilon)$, 则由 (6.22) 有

$$p(V(t,x(t))) > V(t,x(t)) + a > \varepsilon_{\hat{j}} + a = \varepsilon_{\hat{j}-1}$$

成立. 利用归纳假设有

$$p(V(t,x(t))) > V(s,x(s)) \quad (s \geqslant t_{\hat{j}-1}).$$

注意到 $t \geqslant t_{\hat{j}}$ 以及 $t_{\hat{j}} - t_{\hat{j}-1} \geqslant r$, 并利用定理 6.4 的条件 (ii), 有

$$V(t_{\hat{j}+1},x(t_{\hat{j}+1})) \leqslant V(t_{\hat{j}},x(t_{\hat{j}})) - \int_{t_{\hat{j}}}^{t_{\hat{j}+1}} w_3(|x(s)|)\mathrm{d}s.$$

又由于 $w_2(H') > w_2(|x(s)|) \geqslant V(s,x(s)) \geqslant w_1(\varepsilon)$, 则由 (6.23) 有

$$V(t_{\hat{j}+1},x(t_{\hat{j}+1})) \leqslant \varepsilon_{\hat{j}-1} - m(t_{\hat{j}+1} - t_{\hat{j}}) \leqslant \varepsilon_{\hat{j}-1} - a = \varepsilon_{\hat{j}},$$

这同反证假设相矛盾. 所以, (6.24) 成立. 为了证明断言, 只要证明

$$V(t,x(t)) \leqslant \varepsilon_{\hat{j}} \quad (t \geqslant t_{\hat{j}})$$

即可. 不妨设上式不成立, 则存在 t_1^*, t_2^* 使得 $t_2^* > t_1^* \geqslant t_{\hat{j}}$, $V(t_1^*,x(t_1^*)) = \varepsilon_{\hat{j}}$, $V(t_2^*,x(t_2^*)) > \varepsilon_{\hat{j}}$ 以及

$$V(t_2^*,x(t_2^*)) \geqslant V(t,x(t)) \geqslant \varepsilon_{\hat{j}} \quad (t \in [t_1^*,t_2^*]).$$

对于区间 $[t_1^*,t_2^*]$, 完全类似于前面的讨论, 有

$$p(V(t,x(t))) > V(t,x(t)) + a > \varepsilon_{\hat{j}} + a = \varepsilon_{\hat{j}-1}$$

成立. 由归纳法的假设可知, 当 $s \geqslant t_{\hat{j}-1}$ 时, 有 $p(V(t,x(t))) > V(s,x(s))$. 注意到 $t \geqslant t_1^* \geqslant t_{\hat{j}}$ 以及 $t_{\hat{j}} - t_{\hat{j}-1} \geqslant r$, 可知定理 6.4 的条件 (ii) 成立, 即

$$V(t_2^*,x(t_2^*)) \leqslant V(t_1^*,x(t_1^*)),$$

这是一个矛盾. 所以, 断言成立.

若在断言中令 $j = N$, 则有

$$V(t, x(t)) \leqslant w_1(\varepsilon) \quad \left(t \geqslant t_0 + N \max\left\{r, \frac{a}{m}\right\}\right).$$

由于 a, m, N 只依赖于 ε, 可知零解一致吸引. 证毕.

定理 6.4 中出现的以下条件同样称为**Razumikhin 条件**:

$$\text{(RC2)} \quad \boxed{\begin{aligned} &V(t+s, \phi(s)) \leqslant p(V(t, \phi(0))) \quad (s \in [-h, 0]) \\ &\Longrightarrow \quad \dot{V}_{(6.1)}(t, \phi(0)) \leqslant -w_3(|\phi(0)|). \end{aligned}}$$

与常微分方程的一致渐近稳定性定理 (定理 3.2) 相比较, 时滞微分方程的情形进一步要求函数 p 的存在性.

例 6.5 考虑 3.3 节中经函数变换后的 Logistic 方程

$$y'(t) = -ay(t-r)\{1 + y(t)\}. \tag{6.25}$$

上述方程零解的一致稳定性在 3.3 节中已讨论过, 现在进一步证明零解还是一致渐近稳定的. 为此, 只要验证条件 (RC2) 成立即可.

Liapunov 函数 $V(t, y) = \dfrac{y^2}{2}$ 沿解的导数满足

$$\begin{aligned} \dot{V}_{(6.25)}(t, \phi(0)) \leqslant & -a\phi^2(0) + a^2|\phi(0)| \int_{-2r}^{-r} |\phi(s)| \mathrm{d}s \\ & + a^2|\phi(0)| \int_{-r}^{0} |\phi(s-r)||\phi(s)| \mathrm{d}s + a\phi^2(0)|\phi(-r)|. \end{aligned}$$

选取函数 p 为 $p(s) = q^2 s \ (q > 1)$, 则

$$V(t+s, \phi(s)) \leqslant p(V(t, \phi(0))) \quad \Longleftrightarrow \quad |\phi(s)| \leqslant q|\phi(0)|.$$

若取 $h = 2r$, 则当 $V(t+s, \phi(s)) \leqslant p(V(t, \phi(0)))$ $(s \in [-h, 0])$ 时, 有

$$\begin{aligned} \dot{V}_{(6.25)}(t, \phi(0)) &\leqslant -a\phi^2(0) + a^2 rq|\phi(0)|^2 + a^2 rq^2|\phi(0)|^3 + aq\phi^2(0)|\phi(0)| \\ &= -a(1 - arq)\phi^2(0) + aq(arq + 1)|\phi(0)|^3. \end{aligned}$$

所以, 有

$$\dot{V}_{(6.25)}(t, \phi(0)) \leqslant -a\{1 - arq - q(arq + 1)H\}\phi^2(0).$$

因此, 当

$$ar < 1$$

时, 可以适当地选取 q 使得 $\dfrac{1}{ar} > q > 1$. 同时, 设 H 充分地小时, 使得 $0 < H < \dfrac{1-arq}{q(arq+1)}$. 这表明条件 (RC2) 成立. 于是, Logistic 方程 (6.25) 的正平衡点当 $ar < 1$ 时是一致渐近稳定的, 参见图 6.4.

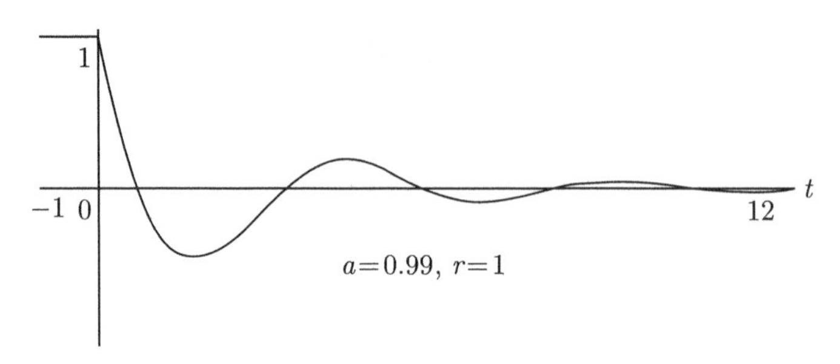

图 6.4　方程 (6.25) 的解曲线

注 6.4　3.3 节以及上面的讨论中, 将方程 (6.25) 的解 $y(t)$ 表示为

$$y(t-r) = y(t) + a\int_{t-r}^{t} y(s-r)\{1+y(s)\}\,\mathrm{d}s.$$

其实, 严格说来, 若初始时刻取为 t_0, 方程 (6.25) 的解 $y(t)$ 在 $t \geqslant t_0 + r$ 上满足上述的表达式. 而当 $t \leqslant t_0 + r$ 时, 上述表达式并不一定成立. 有关这点需更进一步细致的分析, 这里从略.

例 6.6　例 6.2 中利用 Liapunov 泛函研究了方程

$$x'(t) = -a(t)x(t) + b(t)x(t-r) \tag{6.9}$$

零解的稳定性. 这里利用 Liapunov 函数继续讨论零解的稳定性.

选取 Liapunov 函数为 $V(t,x) = \dfrac{x^2}{2}$, 则有

$$\begin{aligned}\dot{V}_{(6.9)}(t,\phi(0)) &= -a(t)\phi^2(0) + b(t)\phi(0)\phi(-r)\\ &\leqslant -a(t)\phi^2(0) + |b(t)||\phi(0)||\phi(-r)|.\end{aligned}$$

首先, 验证 (RC1). 由于

$$V(t+s,\phi(s)) \leqslant V(t,\phi(0)) \quad \Longleftrightarrow \quad |\phi(s)| \leqslant |\phi(0)|,$$

并取 $h = r$, 则有

$$\dot{V}_{(6.9)}(t,\phi(0)) \leqslant -(a(t) - |b(t)|)\phi^2(0).$$

所以, 当

$$a(t) \geqslant |b(t)| \tag{6.26}$$

成立时, 零解一致稳定.

接下来验证 (RC2). 选取函数 p 为 $p(s)=q^2s\ (q>1)$, 则有

$$V(t+s,\phi(s))\leqslant p(V(t,\phi(0)))\quad\Longleftrightarrow\quad|\phi(s)|\leqslant q|\phi(0)|.$$

因而, 有

$$\dot V_{(6.9)}(t,\phi(0))\leqslant-(a(t)-q|b(t)|)\phi^2(0).$$

所以, 当存在正数 δ 以及 $q>1$, 使得

$$a(t)-q|b(t)|\geqslant\delta\quad(t\in[0,\infty))\tag{6.27}$$

成立时, 条件 (RC2) 成立. 注意到式 (6.27) 成立时, 式 (6.26) 自然成立, 故零解一致渐近稳定.

比较例 6.2 和例 6.6 不难发现例 6.2 要求函数 a 和函数 b 为有界的, 而例 6.6 并没有这一限制. 此外, 注意到 $b(t)$ 的有界性, 有如下关系成立:

$$\text{条件}(6.10)\quad\Longrightarrow\quad\text{条件}(6.27).$$

但反之并不一定成立, 其反例的构造完全类似于例 6.2 中比较条件 (6.10) 和条件 (6.11) 时给出的例子.

例 6.7 考虑二维非线性微分方程

$$\begin{cases}x'(t)=3y(t)-x^5(t)+ax^5(t-r),\\ y'(t)=-x(t)-y^3(t)+by^5(t-r),\end{cases}\tag{6.28}$$

其中 $a\neq0,\ b\neq0$. 上述方程相当于例 3.2 中增加一个非线性扰动项. 类似于例 3.2, 选取 $V(t,x,y)=x^2+3y^2$ 以及相应的区域 $[0,+\infty)\times S_H$, 其中 H 为适当的正数, 并记 $S_H=\{(x,y)\colon x^2+y^2\leqslant H\}$. 所以, 有

$$\begin{aligned}\dot V_{(6.28)}(t,\phi(0),\psi(0))&=2\phi(0)\{3\psi(0)-\phi^5(0)+a\phi^5(-r)\}\\&\quad+6\psi(0)\left\{-\phi(0)-\psi^3(0)+b\psi^5(-r)\right\}\\&=-2(\phi^6(0)+3\psi^4(0))+2a\phi(0)\phi^5(-r)+6b\psi(0)\psi^5(-r)\\&\leqslant-2(\phi^6(0)+3\psi^4(0))+2|a|\left\{\frac16\phi^6(0)+\frac56\phi^6(-r)\right\}\\&\quad+|b|\left\{\psi^6(0)+5\psi^6(-r)\right\}\\&<-2\left\{\left(1-\frac{|a|}{6}\right)\phi^6(0)+3\left(1-\frac{|b|}{6}H^2\right)\psi^4(0)\right\}\\&\quad+\frac{5|a|}{3}\phi^6(-r)+5|b|\psi^6(-r).\end{aligned}$$

若 $V(t+s,\phi(s),\psi(s))\leqslant V(t,\phi(0),\psi(0))$, 则有

$$\phi^2(s)+3\psi^2(s)\leqslant\phi^2(0)+3\psi^2(0).$$

注意到存在正数 K_1, K_2 使得①

$$K_1(x^2+3y^2)^{\frac{1}{2}}\leqslant\left(\frac{5|a|}{3}x^6+5|b|y^6\right)^{\frac{1}{6}}\leqslant K_2(x^2+3y^2)^{\frac{1}{2}},\tag{6.29}$$

则有

$$\begin{aligned}\frac{5|a|}{3}\phi^6(-r)+5|b|\psi^6(-r)&\leqslant K_2^6(\phi^2(-r)+3\psi^2(-r))^3\\&\leqslant K_2^6(\phi^2(0)+3\psi^2(0))^3\\&\leqslant\frac{K_2^6}{K_1^6}\left\{\frac{5|a|}{3}\phi^6(0)+5|b|\psi^6(0)\right\}.\end{aligned}$$

所以, 不等式

$$\begin{aligned}&\dot V_{(6.28)}(t,\phi(0),\psi(0))\\ \leqslant&-2\left\{\left(1-\frac{K_1^6+5K_2^6}{6K_1^6}|a|\right)\phi^6(0)+3\left(1-\frac{K_1^6+5K_2^6}{6K_1^6}|b|H^2\right)\psi^4(0)\right\}\end{aligned}$$

成立. 于是, 当

$$|a|<\frac{6K_1^6}{K_1^6+5K_2^6},\quad |b|H^2<\frac{6K_1^6}{K_1^6+5K_2^6}\tag{6.30}$$

时, 零解一致稳定. 利用完全类似的讨论, 当 (6.30) 成立时, 零解为一致渐近稳定的. 至于条件 (RC2) 中的函数 p, 只要适当地选取 $q>1$ 和取 $p(s)=q^2s$ 即可.

注 6.5 若 $|a|=|b|$, 则 (6.29) 中的 K_1, K_2 可以取为

$$K_1=\left(\frac{5}{48}|a|\right)^{\frac{1}{6}},\quad K_2=\left(\frac{5}{3}|a|\right)^{\frac{1}{6}}.$$

所以, 当 $|a|=|b|$, 并取 $H=1$ 时, 有

$$\frac{6K_1^6}{K_1^6+5K_2^6}=\frac{2}{27}.$$

因而, 由 (6.30) 可知, 当 $|a|=|b|<2/27$ 时, 方程 (6.28) 的零解一致渐近稳定.

---

① 有限维空间中模的等价性.

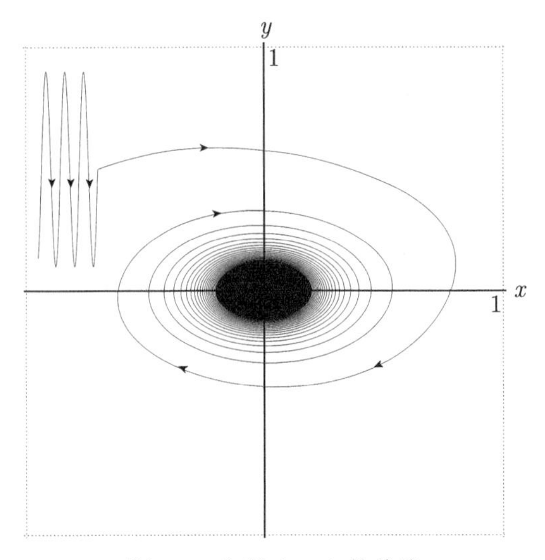

图 6.5 方程 (6.28) 的轨线

$a=b=0.07,\ r=1,\ (t_0,\phi,\psi)=\big(0,\ t/4-0.7,\ 1/2+0.4\sin 20t\big)$

6.3 LaSalle 不变性原理

前面的内容中所介绍的方法主要是研究方程零解的局部稳定性. 本节中, 为了讨论自治时滞微分方程解的全局渐近性态, 将常微分方程稳定性理论中熟知的 LaSalle 不变原理推广到时滞微分方程.

考虑如下自治时滞微分方程

$$x'(t)=f(x_t), \tag{6.31}$$

其中 f 为由 C 到 $\mathbf{R}^n$ 的全连续泛函, 且方程 (6.31) 的解关于初始值连续. 下面的讨论中, 对于 $\phi\in C$, $x(\phi)$ 表示方程 (6.31) 过 $(0,\phi)$ 的解.

本节中仍使用 Liapunov 泛函, 但注意到方程 (6.31) 为自治的, 可将 Liapunov 泛函 V 看作为由 C 到 $\mathbf{R}^1$ 的函数. 类似于式 (6.2), 沿方程 (6.31) 解的导数定义为

$$\dot V_{(6.31)}(\phi)=\limsup_{h\to 0+}\frac{V(x_h(\phi))-V(\phi)}{h}. \tag{6.32}$$

下面介绍时滞微分方程 (6.31) 极限集等概念.

定义 6.2 C 的子集合 S 称为对于方程 (6.31) 为**不变**的, 若对任意的 $\phi\in S$, 方程 (6.31) 的解 $x(\phi)$ 于 $\mathbf{R}$ 上有定义, 且对于所有的 $t\in\mathbf{R}$, 有 $x_t(\phi)\in S$ 成立.

定义 6.3 对于 $\phi\in C$, $\gamma^+=\{x_t(\phi):t\geqslant 0\}$ 表示方程 (6.31) 的**正半轨线**. $\psi\in C$ 称为正半轨线 γ^+ 的**正极限集**中元素, 若存在单调发散的正点列 $\{t_k\}$, 使得 $x_{t_k}(\phi)\to\psi\ (k\to+\infty)$. γ^+ 的正极限集记作 $\boldsymbol{L}(\phi)$.

引理 6.2 若方程 (6.31) 的正半轨线 γ^+ 为 C 中的相对紧集, 则 γ^+ 的正极限集 $\boldsymbol{L}(\phi)$ 为非空、连通的紧集, 且对于方程 (6.31) 是不变的.

证明 由于 γ^+ 为 C 中的相对紧集, 则显然 $\boldsymbol{L}(\phi)$ 为非空集.

设 $\mathrm{Cl}(\gamma^+)$ 为 γ^+ 的闭包. 由于 $\boldsymbol{L}(\phi) \subset \mathrm{Cl}(\gamma^+)$, 证明 $\boldsymbol{L}(\phi)$ 是紧的只要证明 $\boldsymbol{L}(\phi)$ 为闭集. 设 ψ 为 $\boldsymbol{L}(\phi)$ 的聚点, $\{\psi_k\}$ 为 $\boldsymbol{L}(\phi)$ 内收敛于 ψ 的点列. 由于 $\psi_k \in \boldsymbol{L}(\phi)$, 则存在单调发散的点列 $\{t_j^{(k)}\}$ 使得当 $j \to +\infty$ 时, 有 $\|x_{t_j^{(k)}}(\phi) - \psi_k\| \to 0$. 所以, 有

$$^\exists N_k, \quad \|x_{t_j^{(k)}}(\phi) - \psi_k\| < \frac{1}{k} \qquad (j \geqslant N_k)$$

成立. 令 $s_k = t_{N_k}^{(k)}$, 则

$$\|x_{s_k}(\phi) - \psi\| \leqslant \|x_{s_k}(\phi) - \psi_k\| + \|\psi_k - \psi\| < \frac{1}{k} + \|\psi_k - \psi\|.$$

当 $k \to +\infty$ 时, 有 $\|x_{s_k}(\phi) - \psi\| \to 0$. 这表明 $\psi \in \boldsymbol{L}(\phi)$, 即 $\boldsymbol{L}(\phi)$ 为闭集. 因而,$\boldsymbol{L}(\phi)$ 为紧集.

接下来证明 $\boldsymbol{L}(\phi)$ 为连通集. 不妨设 $\boldsymbol{L}(\phi)$ 为非连通的, 即存在两个闭集 N_1, $N_2 \neq \varnothing$ 使得 $N_1 \cap N_2 = \varnothing$, $N_1 \cup N_2 = \boldsymbol{L}(\phi)$. 这时, 上述二集合 N_1, N_2 的距离 $\mathrm{dist}(N_1, N_2) = \delta$ 为正. 设 $\psi_i \in N_i$, $(i = 1, 2)$, 则存在单调发散的点列 $\{t_k^{(i)}\}$ 使得当 $k \to +\infty$ 时, 有 $\|x_{t_k^{(i)}}(\phi) - \psi_i\| \to 0$. 显然, 必要时可选取子列使得 $t_k^{(1)} < t_k^{(2)} < t_{k+1}^{(1)}$. 对于充分大的 k, 有

$$\mathrm{dist}(N_1, x_{t_k^{(2)}}(\phi)) \geqslant \mathrm{dist}(N_1, N_2) - \mathrm{dist}(N_2, x_{t_k^{(2)}}(\phi)) > \frac{\delta}{2}$$

以及

$$\mathrm{dist}(N_1, x_{t_k^{(1)}}(\phi)) \leqslant \frac{\delta}{2}$$

成立. 另一方面, 由于 $\mathrm{dist}(N_1, x_t(\phi))$ 关于 t 是连续的, 则存在点列 $\{\tau_k\}$ 使得 $t_k^{(1)} < \tau_k < t_k^{(2)}$, 且 $\mathrm{dist}(N_1, x_{\tau_k}(\phi)) = \delta/2$. 利用 γ^+ 的相对紧性可知在 $\{x_{\tau_k}(\phi)\}$ 中存在收敛的子列. 设其收敛的极限为 $\psi \in \boldsymbol{L}(\phi)$, 则 $\mathrm{dist}(N_1, \psi) = \delta/2$. 另一方面, 有 $\mathrm{dist}(N_2, \psi) \geqslant \mathrm{dist}(N_2, N_1) - \mathrm{dist}(N_1, \psi) = \delta/2$ 成立. 所以,$\psi \notin N_i$, $(i = 1, 2)$. 这是一个矛盾.

最后, 证明 $\boldsymbol{L}(\phi)$ 关于方程 (6.31) 是不变的. 设 $\psi \in \boldsymbol{L}(\phi)$, 则存在单调发散的点列 $\{t_k\}$ 使得当 $k \to +\infty$ 时, 有 $\|x_{t_k}(\phi) - \psi\| \to 0$. 由于方程 (6.31) 的解关于初始值是连续的, 则有

$$\|x_{t_k+t}(\phi) - x_t(\psi)\| = \|x_t(x_{t_k}(\phi)) - x_t(\psi)\| \to 0.$$

因而, $x_t(\psi) \in \boldsymbol{L}(\phi)$, 即 $\boldsymbol{L}(\phi)$ 关于方程 (6.31) 是不变的①. 证毕.

引理 6.3 对于 $\phi \in C$, 若 $x_t(\phi)$ 有界, 则其正半轨线 γ^+ 为 C 中的相对紧集.

证明 只要证明 γ^+ 为一致有界, 且等度连续即可. 由 $x_t(\phi)$ 的有界性可知一致有界性是显然的. 此外, 由 f 的全连续性, 存在正数 M 使得对于任意的 $t \geqslant 0$, 有 $|f(x_t(\phi))| < M$ 成立. 记 $x_t(\phi)$ 为 x_t, 则对 $s_i \in [-r, 0]$ $(i = 1, 2)$, 有

$$|x_t(s_1) - x_t(s_2)| = \left| \int_{t+s_1}^{t+s_2} f(x_\xi) \mathrm{d}\xi \right| \leqslant M |s_1 - s_2|,$$

即表明 γ^+ 为等度连续的. 证毕.

以下的定理中, 设 G 为 C 中的子集, 集合 E 以及 M 定义为

$$E = \{\psi \in \mathrm{Cl}(G) : \dot{V}_{(6.31)}(\psi) = 0\},$$

M 为 E 中关于方程 (6.31) 不变的最大子集.

定理 6.5 设 Liapunov 泛函 $V(\phi)$ 定义在 C 的子集 G 上, 且满足下列条件:

(i) V 可连续的延拓至 $\mathrm{Cl}(G)$;

(ii) $\dot{V}_{(6.31)}(\phi) \leqslant 0$ $(\phi \in G)$,

则对停留于 G 内方程 (6.31) 的有界解 $x(\phi)$, 当 $t \to +\infty$ 时, 有 $x_t(\phi) \to M$.

证明 设 $x_t(\phi)$ 为停留于 G 内方程 (6.31) 的有界解. 由引理 6.3 可知此解的正半轨线的闭包 $\mathrm{Cl}(\gamma^+)$ 为 C 中的紧集. 此外, 由引理 6.2 可知, 存在 γ^+ 的非空正极限集 $\boldsymbol{L}(\phi)$. 利用条件 (ii), $V(x_t(\phi))$ 关于 t 是非增加函数. 由于 $\mathrm{Cl}(\gamma^+)$ 为紧集, 且 $\mathrm{Cl}(\gamma^+) \subset \mathrm{Cl}(G)$, 则由条件 (i) 可知 $V(x_t(\phi))$ 为有界的. 所以, 极限 $\lim_{t\to+\infty} V(x_t(\phi))$ 存在, 并设其值为 c.

为了完成定理的证明, 只要证明 $\boldsymbol{L}(\phi) \subset E$ 即可. 对于 $\psi \in \boldsymbol{L}(\phi)$, 存在发散的点列 $\{t_k\}$, 使得当 $k \to +\infty$ 时, 有 $\|x_{t_k}(\phi) - \psi\| \to 0$. 注意到 V 在 $\mathrm{Cl}(\gamma^+) \subset \mathrm{Cl}(G)$ 是连续的, 则有 $V(\psi) = c$. 此外, 由引理 6.2 可知 $\boldsymbol{L}(\phi)$ 关于方程 (6.31) 为不变的, 则 $x_t(\psi) \in \boldsymbol{L}(\phi)$, 进而有 $V(x_t(\psi)) = c$. 所以, 有

$$\dot{V}_{(6.31)}(\psi) = \limsup_{h\to 0+} \frac{V(x_h(\psi)) - V(\psi)}{h} = 0,$$

即 $\psi \in E$. 证毕.

定理 6.6 设 $U_l = \{\psi \in G : V(\phi) < l\}$, Liapunov 泛函 $V(\phi)$ 定义于 C 的子集 G 上, 且满足下列条件:

---

① 为了方便起见, 这里只证明了正向不变性. 完整的证明可参见: J. K. Hale. Sifficient conditions for stability and instability of autonoumous functional-differential equations. J. Differential Equations, 1965, **1**: 452-482.

(i) V 可连续的延拓至 $\mathrm{Cl}(G)$;

(ii) $\dot{V}_{(6.31)}(\phi) \leqslant 0$ $(\phi \in G)$;

(iii) 存在正数 $K(l)$, 使得当 $\psi \in U_l$ 时, 有 $|\psi(0)| < K(l)$,

则对任意的初始值 $\phi \in U_l$, 方程 (6.31) 的解 $x(\phi)$ 当 $t \to +\infty$ 时, 有 $x_t(\phi) \to M$.

证明 设 $\phi \in U_l$. 由条件 (ii) 有 $\dot{V}_{(6.31)} \leqslant 0$. 所以, 当 $t \geqslant 0$ 时, 有 $V(x_t(\phi)) \leqslant V(\phi) < l$, 故 $x_t(\phi) \in U_l$. 进而由 (iii) 有 $|x(\phi)(t)| < K(l)$, 这表明 $x(\phi)$ 为有界的. 所以, 定理 6.5 的条件成立. 证毕.

下面将定理 6.5 应用于一些具体的例子. 由于多数的情况需要讨论零解 (或者平衡点) 的全局渐近稳定性, 为此, 先介绍一些相关的概念.

首先, 给出**平衡点**的定义. 对于 $\phi^*(s) = x^*$, $(s \in [-r, 0])$, 若 $f(\phi^*) = 0$ 成立, 则称 $x^* \in \mathbf{R}^n$ 为方程 (6.31) 的平衡点. 特别地, 当 $x^* = 0$ 时, 称为**零解**. 若 $x^* \neq 0$, 利用坐标平移 $y(t) = x(t) - x^*$ 可以将原方程的平衡点 x^* 化为关于 $y(t)$ 的方程的零解. 所以, 平衡点的稳定性等概念与零解的稳定性等完全类似. 另外, 对于自治方程 (6.31), 熟知一致稳定与稳定、一致吸引与吸引、一致渐近稳定与渐近稳定均为等价的①.

下面给出全局渐近稳定的定义.

定义 6.4 方程 (6.1) 的零解称为是**全局渐近稳定的**, 若零解为稳定的, 且方程 (6.1) 的任意解当 $t \to +\infty$ 时趋近于零.

在证明全局渐近稳定性时, 常利用定理 6.6 证明任意解当 $t \to +\infty$ 时趋近于零. 而在证明零解的稳定性时, 常利用较定理 6.2 的条件更弱的如下定理.

定理 6.7 对于方程 (6.1), 设存在定义于 D 上的 Liapunov 泛函 $V(t, \phi)$ 以及定义于区间 $[0, H)$ $(H > 0)$ 上的连续正定函数 w 使得满足下列条件:

(i) $w(|\phi(0)|) \leqslant V(t, \phi)$, $\quad V(t, 0) = 0$;

(ii) $\dot{V}_{(6.1)}(t, \phi) \leqslant 0$,

则方程 (6.1) 的零解为稳定的.

例 6.8 考虑标量方程

$$x'(t) = -ax^3(t) + bx^3(t - r), \tag{6.33}$$

其中 $r > 0$, $a > 0$, $b \in \mathbf{R}$, 且 $b \neq 0$. 选取 Liapunov 泛函为

$$V(\phi) = \frac{1}{2a}\phi^4(0) + \int_{-r}^{0} \phi^6(u)\mathrm{d}u,$$

则有

---

① 参考文献 [10] 引理 1.1.

$$\begin{aligned}\dot{V}_{(6.33)}(\phi) &= \frac{2}{a}\phi^3(0)\left\{-a\phi^3(0)+b\phi^3(-r)\right\}+\left\{\phi^6(0)-\phi^6(-r)\right\}\\ &= -\phi^6(0)+\frac{2b}{a}\phi^3(0)\phi^3(-r)-\phi^6(-r)\\ &= -\left(1-\frac{|b|}{a}\right)\left\{\phi^6(0)+\phi^6(-r)\right\}-\frac{|b|}{a}\left\{\phi^3(0)-\frac{b}{|b|}\phi^3(-r)\right\}^2.\end{aligned}$$

(I) $a>|b|$ 的情形. 这时, $E=\{\phi\in C:\phi(0)=\phi(-r)=0\}$. 由于 M 为 E 中关于方程 (6.33) 的最大不变子集, 则对于以 $\phi\in M$ 为初始值的解, 有 $x_t(\phi)\in M\subset E$ $(^{\forall}t\in R)$ 成立. 所以, $M=\{0\}$. 此外, 由于 $V(\phi)\geqslant\phi^4(0)/2a$, 则定理 6.6 的条件 (iii) 成立. 因此, 对于任意的 $l>0$ 以及 U_l 中的初始值, 方程 (6.33) 的解 $x(\phi)$ 当 $t\to+\infty$ 时, 有 $x_t(\phi)\to 0$. 注意到 l 的任意性可知, 方程 (6.33) 的所有解均趋近于零. 此外, 上述的 Liapunov 泛函同时满足定理 6.7 的条件, 故零解为稳定的. 所以, 方程 (6.33) 的零解为全局渐近稳定的.

(II) $b=-a$ 的情形. 这时,$E=\{\phi\in C:\phi(0)=-\phi(-r)\}$. 由 M 的不变性, 对于以 $\phi\in M$ 为初始值的解, 有 $x_t(\phi)\in M\subset E$ $(\forall t\in R)$. 由方程 (6.33) 可知 $x'(t)=0$, 即 $x(t)\equiv c=$ 常数. 另一方面, 注意到 $x_t(\phi)\in M\subset E$ $(\forall t\in R)$, 则有 $c=0$, 即 $M=\{0\}$. 同样可得到方程 (6.33) 的零解为全局渐近稳定的.

(III) $b=a$ 的情形. 这时,$E=\{\phi\in C:\phi(0)=\phi(-r)\}$. 由 M 的不变性, 对于以 $\phi\in M$ 为初始值的解, 有 $x_t(\phi)\in M\subset$ $(\forall t\in R)$. 由方程 (6.33) 可知 $x'(t)=0$, 即 $x(t)\equiv c=$ 常数. 这种情形虽然得不到零解的渐近稳定性, 但是, 对应于不同的初始函数 $\phi\in C$, 解趋近于不同的常数. 这是因为对应于初始函数 $\phi\in C$ 的正极限集 $\boldsymbol{L}(\phi)$, 若当 $t\to+\infty$ 时, $V(x_t(\phi))\to V_0$, 则有 $\boldsymbol{L}(\phi)\subset V^{-1}(V_0)\cap M$ 成立. 另一方面, 对于常数函数 α, 由于 $V(\alpha)$ 为 6 次函数, 所以,$V^{-1}(V_0)$ 至多有有限个值. 此外, 由引理 6.2 可知, $\boldsymbol{L}(\phi)$ 为连通集. 所以, $\boldsymbol{L}(\phi)$ 只含有 1 个元素, 这表明解趋近于常数.

对于例 6.8 中的方程, 下面给出 3 种情型解曲线图 (图 6.6— 图 6.8), 初始函数均取为 $\phi(t)=1+\sin 8t$.

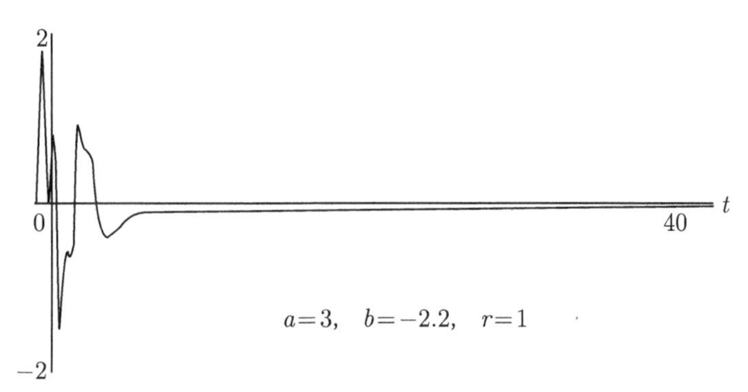

图 6.6 方程 (6.33) 的解曲线 I

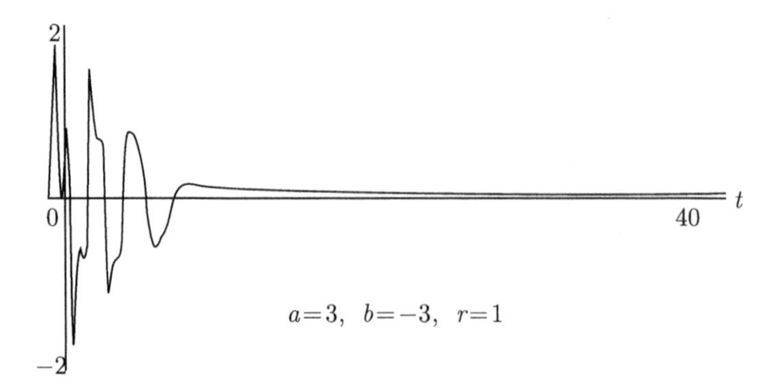

图 6.7　方程 (6.33) 的解曲线 II

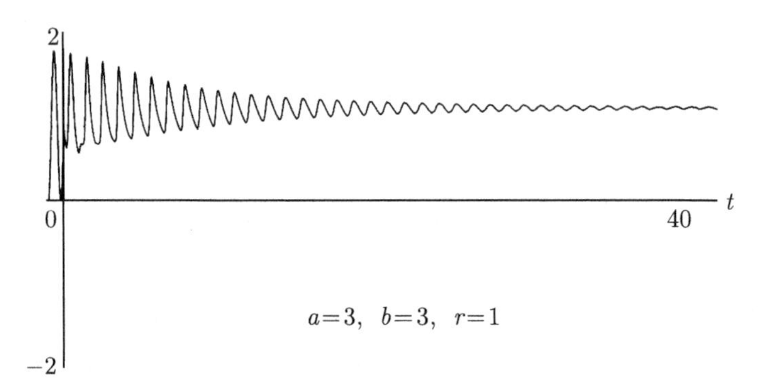

图 6.8　方程 (6.33) 的解曲线 III

例 6.9　考虑标量方程

$$x'(t) = -\int_{t-r}^{t} a(t-s)g(x(s))\mathrm{d}s, \tag{6.34}$$

其中

$$G(x) := \int_0^x g(\xi)\mathrm{d}\xi \to +\infty \quad (|x| \to +\infty), \tag{6.35}$$

且

$$a(r) = 0, \quad a(t) \geqslant 0, \quad a'(t) \leqslant 0, \quad a''(t) \geqslant 0, \quad 0 \leqslant t \leqslant r. \tag{6.36}$$

若构造 Liapunov 泛函为

$$V(\phi) = G(\phi(0)) - \frac{1}{2}\int_{-r}^{0} a'(-\theta)\left[\int_{\theta}^{0} g(\phi(s))\mathrm{d}s\right]^2 \mathrm{d}\theta,$$

则可得到如下结论①.

命题 6.1 设条件 (6.35) 和条件 (6.36) 成立, 且 g 具有孤立的零点, 则方程 (6.34) 的正极限集具有如下的性质:

(i) 若存在 s 使得 $a''(s) > 0$ 成立, 则方程 (6.34) 过 $\phi \in C$ 的解的正极限集 $\boldsymbol{L}(\phi)$ 由方程 (6.34) 的某个平衡点 (即 g 的零点) 构成.

(ii) 若 $a''(s) \equiv 0$, $a \not\equiv 0$ (即线性的), 则方程 (6.34) 过 $\phi \in C$ 的解的正极限集 $\boldsymbol{L}(\phi)$ 由常微分方程

$$x'' + a(0)g(x) = 0 \tag{6.37}$$

周期为 r 的某个周期轨道 (包括平衡点) 构成.

利用 LaSalle 不变原理证明方程的解趋近于周期解时, 上述命题 6.1 的 (ii) 是非常有用的. 考虑如下简单的方程

$$x'(t) = -\alpha \int_{t-r}^{t} \left(1 - \frac{t-s}{r}\right) x(s)\mathrm{d}s, \tag{6.38}$$

其中 r, α 为正常数. 对于方程 (6.38), 对应的 $a(t) = \alpha(1 - t/r)$, $g(x) = x$, 命题 6.1 的条件 (ii) 满足. 相应的方程 (6.37) 为

$$x'' + \alpha x = 0,$$

且此方程的通解均为周期解

$$x(t) = c_1 \sin\sqrt{\alpha}t + c_2 \cos\sqrt{\alpha}t,$$

其中 c_1, c_2 为任意常数. 上述周期解的周期 $2\pi/\sqrt{\alpha}$ 与 r 相等的充分必要条件为 $\alpha = (2m\pi/r)^2$, 其中 m 为自然数. 所以, 对于方程 (6.38), 由命题 6.1 的 (ii) 有如下结论成立:

(i) 若 $\alpha \neq \left(\dfrac{2m\pi}{r}\right)^2$, $m \in \mathbf{N}$, 则 $\boldsymbol{L}(\phi) = \{0\}$;

(ii) 若 $\alpha = \left(\dfrac{2m\pi}{r}\right)^2$, $m \in \mathbf{N}$, 则 $\boldsymbol{L}(\phi)$ 由 $x'' + \alpha x = 0$ 的某个解构成.

此外, 由于方程 (6.38) 为线性方程, 基于特征方程和解空间的谱分解, 通过计算渐近周期解同样可以得到上述结论.

对于方程 (6.38), 下面给出 3 种情型解曲线图, 其中 $r = 1$, 初始函数均取为 $\phi(t) = \cos 2\pi t$(图 6.9~ 图 6.11).

① 证明可参考文献 [10] 中定理 3.4(p.147).

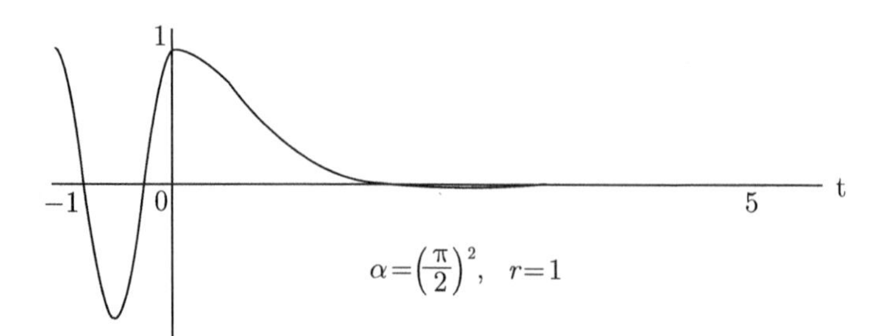

图 6.9　方程 (6.38) 的解曲线 -I

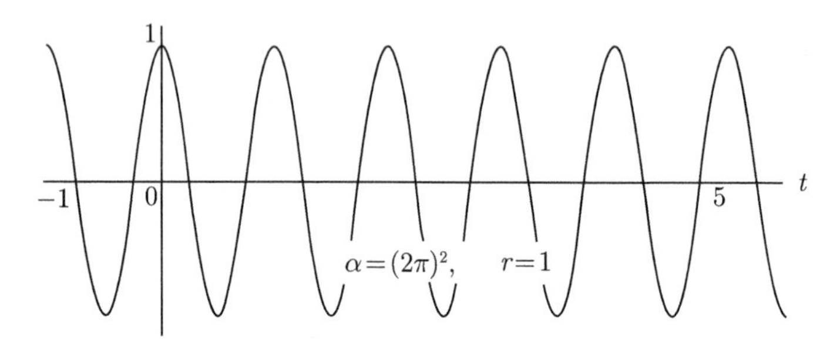

图 6.10　方程 (6.38) 的解曲线 -II

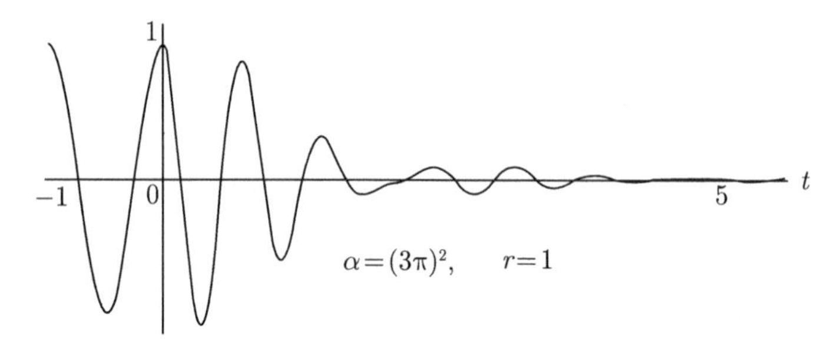

图 6.11　方程 (6.38) 的解曲线 -III

例 6.10　在区域 $G=\{(\phi,\psi)\in C([-r,0],\mathbf{R}^2)\colon \|\phi\|<\pi,\ \|\psi\|<\pi\}$ 中, 利用定理 6.6 进一步讨论例 6.4 中方程

$$\begin{cases} x'(t)=y(t), \\ y'(t)=-ay(t)-b\sin x(t)+b\displaystyle\int_{-r}^{0} y(t+s)\cos x(t+s)\mathrm{d}s \end{cases} \tag{6.18}$$

零解的一致渐近稳定性.

对于例 6.4 中给出的 Liapunov 泛函, 选取其定义域为 U_l, 其中 $l=\min\{\pi^2, 2b\}$. 若

$$a>br,$$

则显然定理 6.6 的条件成立, 且 $E=\{(\phi,\psi)\in G\colon \psi(s)=0,\ s\in[-r,0]\}$. 对于以 $(\phi,\psi)\in M$ 为初始值的解 $(x(t),y(t))$, 由 M 的不变性可知 $y(t)=0$. 所以, 由方程组 (6.18) 的第一个方程有 $x'(t)=0$, 即 $x(t)\equiv c=$ 常数. 再由方程组 (6.18) 的第二个方程有 $\sin c=0$. 注意到 $M\subset G$, 进而有 $c=0$. 所以, $M=\{(0,0)\}$. 于是, U_l 中出发方程组 (6.18) 的所有非零解当 $t\to+\infty$ 时均趋近于 $(0,0)$. 又由于方程组 (6.18) 的零解一致稳定, 且是自治的, 则方程 (6.18) 的零解一致渐近稳定.

6.4 生态系方程中的应用

本节中, 将前节介绍的 LaSalle 不变性原理应用于含有时滞的生态系方程. 考虑标量方程.

例 6.11 考虑含有时滞的 Logistic 方程

$$x'(t)=x(t)\left(K-ax(t)+\sum_{i=1}^{n}b_ix(t-r_i)-\sum_{i=1}^{n}c_ix(t-q_i)\right), \tag{6.39}$$

初始条件为

$$x(s)=\phi(s)\geqslant 0,\quad -r\leqslant s\leqslant 0;\quad \phi(0)>0, \tag{6.40}$$

这里 $a,\ r_i,\ q_i\ (i=1,2,\cdots,n)$ 为正常数, $b_i,\ c_i\ (i=1,2,\cdots,n)$ 为非负常数,$K\in\mathbf{R}$.

首先, 设方程 (6.39) 具有唯一正平衡点 $x=x^*$, 即设

$$a\neq\sum_{i=1}^{n}b_i-\sum_{i=1}^{n}c_i\quad 且\quad x^*=\frac{K}{a-\sum_{i=1}^{n}b_i+\sum_{i=1}^{n}c_i}>0. \tag{6.41}$$

将方程 (6.39) 的平衡点 x^* 平移至原点, 作变换

$$x\to x+x^*,$$

方程 (6.39) 化为

$$x'(t)=(x(t)+x^*)\left(-ax(t)+\sum_{i=1}^{n}b_ix(t-r_i)-\sum_{i=1}^{n}c_ix(t-q_i)\right). \tag{6.42}$$

下面利用 LaSalle 不变性原理研究方程 (6.42). 令

$$G=\{\phi\in C\colon \phi(s)+x^*\geqslant 0,\ \phi(0)+x^*>0\},$$

则 G 关于方程 (6.42) 是不变的.

事实上, 对于以 $\phi \in G$ 为初始函数的方程 (6.42) 的解 $x(t)$, 由于 $x(0)+x^*=\phi(0)+x^*>0$, 则对于 $t>0$, 有 $x(t)+x^*>0$, 且

$$x(t)+x^*=(x(0)+x^*)\exp\left\{\int_0^t\left(-ax(s)+\sum_{i=1}^n b_i x(s-r_i)-\sum_{i=1}^n c_i x(s-q_i)\right)\mathrm{d}s\right\}.$$

这里注意到集合 G 与变换前方程 (6.39) 所对应初始函数 (6.40) 的集合是一致的.

对于 $\phi \in G$, 构造 Liapunov 泛函

$$V(\phi)=2\left(\phi(0)-x^*\log\frac{\phi(0)+x^*}{x^*}\right)+\sum_{i=1}^n b_i\int_{-r_i}^0\phi^2(s)\mathrm{d}s+\sum_{i=1}^n c_i\int_{-q_i}^0\phi^2(s)\mathrm{d}s.$$

所以, 有

$$\begin{aligned}\dot V_{(6.42)}(\phi)=&2\left\{-a\phi(0)+\sum_{i=1}^n b_i\phi(-r_i)-\sum_{i=1}^n c_i\phi(-q_i)\right\}\phi(0)\\&+\sum_{i=1}^n b_i\{\phi^2(0)-\phi^2(-r_i)\}+\sum_{i=1}^n c_i\{\phi^2(0)-\phi^2(-q_i)\}\\=&-2\left(a-\sum_{i=1}^n b_i-\sum_{i=1}^n c_i\right)\phi^2(0)\\&-\sum_{i=1}^n b_i(\phi(0)-\phi(-r_i))^2-\sum_{i=1}^n c_i(\phi(0)+\phi(-q_i))^2.\end{aligned}$$

(I) $a>\sum_{i=1}^n b_i+\sum_{i=1}^n c_i$ 的情形. 这时, $E=\{\phi\in \mathrm{Cl}(G)\colon \phi(0)=0\}$. 由于 M 是 E 的子集, 且关于方程 (6.42) 是不变的, 则有 $M=\{0\}$. 此外, 有

$$V(\phi)\geqslant w(\phi(0)),\quad w(s)=2\left(s-x^*\log\frac{s+x^*}{x^*}\right),$$

且 $w(s)$ 于 $s\in(-x^*,+\infty)$ 上为正定函数. 当 $s\to -x^*$ $(s\to+\infty)$ 时, $w(s)$ 单调增加, 且发散. 这表明定理 6.6 的条件 (iii) 成立. 所以, 对于任意的 $l>0$, 以 $\phi\in U_l$ 为初始值的方程 (6.42) 的解 $x(\phi)$ 当 $t\to+\infty$ 时有 $x(\phi)(t)\to 0$. 又由于 l 为任意的, 则对 G 内所有的初始函数, 方程 (6.42) 的解均趋近于零. 此外, 对于上述的 Liapunov 泛函, 定理 6.7 的条件显然成立, 故零解为稳定的. 所以, 方程 (6.42) 的零解全局渐近稳定. 于是, 对于初始条件 (6.40), 变换前方程 (6.39) 的正平衡点 x^* 全局渐近稳定.

(II) $a=\sum_{i=1}^n b_i+\sum_{i=1}^n c_i$ 的情形. 令 $\Lambda_1=\{i\colon b_i\neq 0\},\Lambda_2=\{i\colon c_i\neq 0\}$, 则 $E=\{\phi\in\mathrm{Cl}(G)\colon \phi(0)=\phi(-r_i),\ i\in\Lambda_1;\ \phi(0)=-\phi(-q_j),\ j\in\Lambda_2\}$. 方程 (6.42) 化

为

$$x'(t) = (x(t) + x^*)\left(-ax(t) + \sum_{i\in\Lambda_1} b_i x(t-r_i) - \sum_{i\in\Lambda_2} c_i x(t-q_i)\right). \tag{6.43}$$

对于以 $\phi \in M$ 为初始值的方程 (6.42) 的解 $x(\phi)$, 由 M 的不变性可知, 对于任意的 $t \in R$, 有 $x_t(\phi) \in M \subset E$. 所以, 由方程 (6.43) 有

$$x'(t) = (x(t) + x^*)\left(-a + \sum_{i\in\Lambda_1} b_i - \sum_{i\in\Lambda_2} c_i\right) x(t) = 0,$$

即 $x(t) \equiv \gamma =$ 常数. 注意到式 (6.41), 可知 $\Lambda_2 \neq \phi$. 再次使用 M 的不变性, 有 $x_t(\phi)(0) = -x_t(\phi)(-q_j)$, 即有 $\gamma = -\gamma$, 故 $\gamma = 0$. 所以, $M = \{0\}$. 类似于 (I) 的讨论可得到方程 (6.39) 的正平衡点 x^* 全局渐近稳定.

综合上述 (I),(II) 的讨论, 可知当

$$a \geqslant \sum_{i=1}^{n} b_i + \sum_{i=1}^{n} c_i \tag{6.44}$$

时, 方程 (6.39) 的正平衡点 x^* 全局渐近稳定.

图 6.12 亦显示了方程 (6.39) 正平衡点 x^* 的全局渐近稳定性.

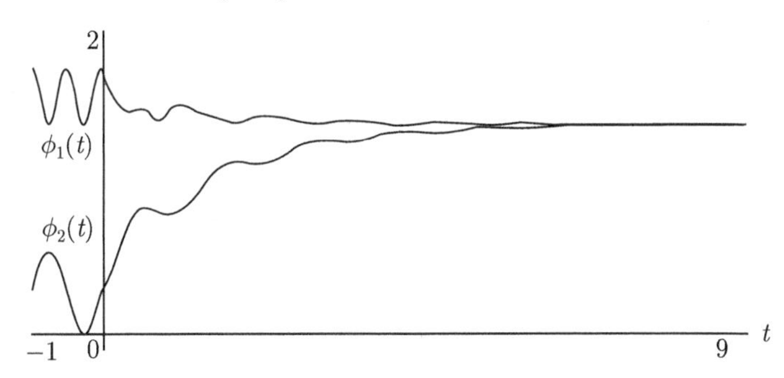

图 6.12 方程 (6.39) 的解曲线

$n = 1,\ a = 3,\ b = 2,\ c = 1,\ r = 1,\ q = 0.5,\ K = 3,\ x^* = 1.5,$

$\phi_1 = 1.7 + 0.2\cos 4\pi t,\ \phi_2 = 0.3 + 0.3\sin 2\pi t$

例 6.11 中假设方程 (6.39) 存在正平衡点. 其实, 对于正平衡点不存在的情形, 亦可以进行类似的讨论.

例 6.12 设方程 (6.39) 没有正平衡点, 即 (6.41) 不成立. 令

$$G = \{\phi \in C\colon \phi(s) \geqslant 0,\ \phi(0) > 0\}.$$

类似于前面的讨论, 可以证明 G 关于方程 (6.39) 为不变的. 选取 Liapunov 泛函为

$$V(\phi)=2\phi(0)+\sum_{i=1}^{n}b_i\int_{-r_i}^{0}\phi^2(s)\mathrm{d}s+\sum_{i=1}^{n}c_i\int_{-q_i}^{0}\phi^2(s)\mathrm{d}s.$$

所以, 有

$$\begin{aligned}\dot V_{(6.39)}(\phi)=&2\left\{K-a\phi(0)+\sum_{i=1}^{n}b_i\phi(-r_i)-\sum_{i=1}^{n}c_i\phi(-q_i)\right\}\phi(0)\\&+\sum_{i=1}^{n}b_i\{\phi^2(0)-\phi^2(-r_i)\}+\sum_{i=1}^{n}c_i\{\phi^2(0)-\phi^2(-q_i)\}\\=&2K\phi(0)-2\left(a-\sum_{i=1}^{n}b_i-\sum_{i=1}^{n}c_i\right)\phi^2(0)\\&-\sum_{i=1}^{n}b_i(\phi(0)-\phi(-r_i))^2-\sum_{i=1}^{n}c_i(\phi(0)+\phi(-q_i))^2.\end{aligned}$$

对于 (6.44) 中等号不成立的情形, 即

$$a>\sum_{i=1}^{n}b_i+\sum_{i=1}^{n}c_i,$$

完全类似于例 6.11 中情形 (I) 的讨论, 可以证明 $x\equiv 0$ 全局渐近稳定. 事实上, 由于

$$a-\sum_{i=1}^{n}b_i+\sum_{i=1}^{n}c_i>2\sum_{i=1}^{n}c_i\geqslant 0,$$

并注意到正平衡点不存在, 则有 $K\leqslant 0$. 为了验证定理 6.6 的条件 (iii), 只要选取 $w(s)=s,\ s\in[0,+\infty)$ 即可.

下面讨论式 (6.44) 中等号成立的情形, 即

$$a=\sum_{i=1}^{n}b_i+\sum_{i=1}^{n}c_i.$$

分两种情形进行讨论.

(I) 存在 i 使得 $c_i\neq 0$ 的情形. 这时, 有

$$a-\sum_{i=1}^{n}b_i+\sum_{i=1}^{n}c_i=2\sum_{i=1}^{n}c_i>0$$

成立. 由于正平衡点不存在, 则有 $K\leqslant 0$. 所以, 类似于例 6.11 中 (II) 的讨论可知 $x\equiv 0$ 全局渐近稳定.

(II) $c_i=0(i=1,2,\cdots,n)$ 的情形. 若 $K<0$, 则有 $E=\{\phi\in \mathrm{Cl}(G)\colon \phi(0)=0\}$. 类似于正平衡点存在时情形 (I) 中的讨论, 可知 $x=0$ 全局渐近稳定. 若 $K=0$, 不能够得到零解的渐近稳定性. 但是, 类似于例 6.8 中 (III) 的讨论可知, 对于以 $\phi\in G$ 为初始值的方程 (6.39) 的解 $x(\phi)$, 其正极限集 $\boldsymbol{L}(\phi)$ 只含有一个元素. 所以, 方程 (6.39) 满足初始条件 (6.40) 的解趋近于同初始值相关的常数. 另外, 若 $K>0$, LaSalle 不变性原理并不适用. 对于这种情形, 方程 (6.39) 化为

$$x'(t)=x(t)\left\{K-\sum_{i=1}^{n}b_i(x(t)-x(t-r_i))\right\}.$$

显然, 可知 $x\equiv 0$ 不稳定.

注 6.6 对于较方程 (6.39) 更为一般的下述方程:

$$x'(t)=x(t)\left[\gamma-ax(t)+b\int_{-r}^{0}x(t+\theta)\mathrm{d}\mu_1(\theta)-c\int_{-r}^{0}x(t+\theta)\mathrm{d}\mu_2(\theta)\right],$$

利用 LaSalle 不变性原理同样可得到类似的结果①.

最后, 介绍一个二维系统的例子.

例 6.13 考虑含有时滞的两种群 Lotka-Volterra 系统

$$\begin{cases} x'(t)=x(t)\{K_1-ax(t)+\alpha x(t-r_1)-\beta y(t-r_2)\}, \\ y'(t)=y(t)\{K_2-ay(t)+\beta x(t-r_1)+\alpha y(t-r_2)\}, \end{cases}\tag{6.45}$$

初始条件为

$$\begin{aligned} x(s)&=\phi_1(s)\geqslant 0,\ \ -r\leqslant s\leqslant 0;\ \ \phi_1(0)>0, \\ y(s)&=\phi_2(s)\geqslant 0,\ \ -r\leqslant s\leqslant 0;\ \ \phi_2(0)>0, \end{aligned}\tag{6.46}$$

这里 $a>0$, $r_i\geqslant 0\ (i=1,2)$, 且 K_1, K_2, α, $\beta\in\mathbf{R}$.

令 $r=\max\{r_1,r_2\}$. 并设 (6.45) 具有唯一正平衡点 (x^*,y^*), 即

$$(\alpha-a)^2+\beta^2\neq 0,$$

且

$$x^*=\frac{-(\alpha-a)K_1-\beta K_2}{(\alpha-a)^2+\beta^2}>0,\quad y^*=\frac{\beta K_1-(\alpha-a)K_2}{(\alpha-a)^2+\beta^2}>0.$$

将方程组 (6.45) 的平衡点 (x^*,y^*) 平移至原点 $(0,0)$, 令

$$x\to x+x^*,\qquad y\to y+y^*,$$

① 参考文献 [29] 的定理 5.6, p.35.

得到如下等价的二维系统：

$$\begin{cases} x'(t) = (x(t)+k_1)\{-ax(t)+\alpha x(t-r_1)-\beta y(t-r_2)\}, \\ y'(t) = (y(t)+k_2)\{-ay(t)+\beta x(t-r_1)+\alpha y(t-r_2)\}, \end{cases} \tag{6.47}$$

其中 $k_1 = x^*$, $k_2 = y^*$.

下面利用 LaSalle 不变性原理研究上述系统. 为此, 令

$$G = \{\phi = (\phi_1, \phi_2) : \phi_i \in C,\ \phi_i(s) + k_i \geqslant 0.\ \phi_i(0) + k_i > 0,\ i = 1, 2\}.$$

完全类似于标量方程的情形, 可以证明 G 关于系统 (6.47) 是正向不变的. 同时, 注意到集合 G 与变换前方程组 (6.45) 的初始函数 (6.46) 所构成的集合是一致的.

在 G 上, 考虑 Liapunov 泛函

$$V(\phi) = 2a\sum_{i=1}^{2}\left\{\phi_i(0) - k_i \log\frac{\phi_i(0)+k_i}{k_i}\right\} + (\alpha^2+\beta^2)\sum_{i=1}^{2}\int_{-r_i}^{0}\phi_i^2(s)\mathrm{d}s.$$

于是, 有

$$\begin{aligned} \dot{V}_{(6.47)}(\phi) =& 2a\{-a\phi_1(0)+\alpha\phi_1(-r_1)-\beta\phi_2(-r_2)\}\phi_1(0) \\ &+2a\{-a\phi_2(0)+\beta\phi_1(-r_1)+\alpha\phi_2(-r_2)\}\phi_2(0) \\ &+(\alpha^2+\beta^2)\{\phi_1^2(0)-\phi_1^2(-r_1)+\phi_2^2(0)-\phi_2^2(-r_2)\} \\ =& -\{-a\phi_1(0)+\alpha\phi_1(-r_1)-\beta\phi_2(-r_2)\}^2 \\ &-\{-a\phi_2(0)+\beta\phi_1(-r_1)+\alpha\phi_2(-r_2)\}^2 \\ &-\{a^2-(\alpha^2+\beta^2)\}\{\phi_1^2(0)+\phi_2^2(0)\}. \end{aligned}$$

所以, 当

$$a \geqslant \sqrt{\alpha^2+\beta^2} \tag{6.48}$$

时, 由以下 (I),(II) 中的讨论可知方程组 (6.45) 的正平衡点 (x^*, y^*) 全局渐近稳定.

(I) $a > \sqrt{\alpha^2+\beta^2}$ 的情形. 这时, $E = \{\phi \in \mathrm{Cl}(G) : \phi_i(0) = \phi_i(-r_i) = 0,\ i = 1, 2\}$, 且 $M = \{0\}$. 另一方面, 由于

$$V(\phi) \geqslant \sum_{i=1}^{2} w_i(\phi(0)), \quad w_i(s) = 2a\left\{s - k_i\log\frac{s+k_i}{k_i}\right\},$$

类似于标量方程的讨论, 可知系统 (6.47) 的零解关于 G 全局渐近稳定.

(II) $a = \sqrt{\alpha^2+\beta^2}$ 的情形. 这时,

$$E = \left\{\phi \in \mathrm{Cl}(G) : a\phi(0) = \begin{pmatrix} \alpha & -\beta \\ \beta & \alpha \end{pmatrix}\begin{pmatrix} \phi_1(-r_1) \\ \phi_2(-r_2) \end{pmatrix}\right\}. \tag{6.49}$$

对于以 $\phi \in M$ 为初始值系统 (6.47) 的解 $z(\phi) = (x(\phi), y(\phi))$, 由 M 的不变性可知, 对于任意的 $t \in R$, 有 $z_t(\phi) \in M \subset E$. 将 (6.49) 应用于系统 (6.47) 的右端, 有 $z'(t) = 0$, 即 $z(t) \equiv z_0 =$ 常数. 再由式 (6.49) 可知 $z_0 = 0$, 即有 $M = \{0\}$. 所以, 系统 (6.47) 的零解关于 G 全局渐近稳定.

系统 (6.45) 轨线的数值模拟见图 6.13 所示.

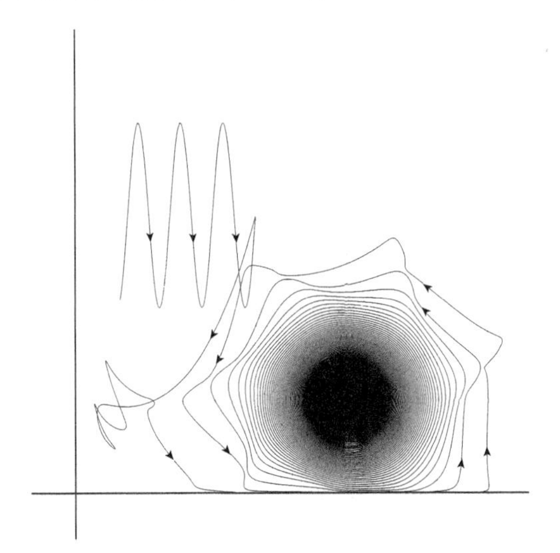

图 6.13 系统 (6.45) 的轨线

$a = 5,\ \alpha = 3,\ \beta = 4,\ r_1 = 1.9,\ r_2 = 2,\ K_1 = 10,\ K_2 = -10$

$(t_0, \phi, \psi) = \big(0, 2 + 3t/4, 3 + \sin 10t\big)$

注 6.7 实际上, 条件 (6.48) 为对于任意的时滞 $r_i \geqslant 0\ (i = 1, 2)$, 方程组 (6.45) 的正平衡点为全局渐近稳定的充分必要条件①.

注 6.8 这里对注 6.7 中画线部分做一补充说明. 若对时滞 r 加以某种限制时, 条件 (6.48) 并非为全局渐近稳定的充分必要条件. 例如, 对于 $\alpha < 0,\ \beta = 0$ 的情形, 若要求 $r_i K_i \leqslant 1\ (i = 1, 2)$, 则条件 (6.48) 即使不成立, 平衡点仍为全局渐近稳定②.

① 参考文献 [41].

② 参考文献 [29] 的推论 3.1, p.132.

参 考 文 献

- **泛函微分方程相关的日文教科书**

[1] 加藤顺二. 泛函微分方程. 数理科学丛书 (5), 筑摩书房, 1974.

[2] 杉山昌平. 差分微分方程, 重印版. 共立出版, 1999.

[3] Halanay A. 微分方程 (上, 下册). 加藤顺二译. 数学丛书 (7,9), 吉冈书店, 1968, 1969.

- **泛函微分方程相关的英文教科书**

[4] Bellmann R, Cooke K L. Differential-Difference Equations. New York: Academic Press, 1963.

[5] Burton T A. Volterra Integral and Differential Equations. New York: Academic Press, 1983.

[6] Burton T A. Stability and Periodic Solutions of Ordinary and Functional Differential Equations. New York: Academic Press, 1985.

[7] Diekmann O, van Gils S A , Lunel S M V, Walter H −O. , Delay Equations. New York: Springer-Verlag, 1991.

[8] Györi I, Ladas G. Oscillatory Theory of Delay Differential Equations. Oxford: Clarendon Press, 1991.

[9] Hale J K. Functional Differential Equations. New York: Springer-Verlag, 1971.

[10] Hale J K, Lunel S M V. Introduction to Functional Differential Equations. New York: Springer-Verlag, 1993.

[11] Hino Y, Murakami S, Naito T. Functional Differential Equations with Infinite Delay. New York: Springer-Verlag, 1991.

[12] Kolmanovskii V, Myshkis A. Applied Theory of Functional Differential Equations. Kluwer Acad. Publ., 1992.

[13] Kolmanovskii V B , Nosov V R. Stability of Functional Differential Equations. New York: Academic Press, 1986.

[14] Lakshmikanthama V, Leela S. Differential and Integral Inequalities. New York: Academic Press, 1969.

[15] Tanabe H. Functional Analytic Methods for Partial Differential Equations. Marcel Dekker Inc., 1996.

[16] Webb G F. Theory of Nonlinear Age-dependent Population Dynamics. Marcel Dekker, 1985.

[17] Wu J. Theory and Applications of Partial Functional Differential Equations. New York: Springer-Verlag, 1996.

- **相关的微分方程教科书**

[18] 加藤顺二. 常微分方程. 理工系数学基础 (3), 朝仓书店, 1978.

[19] 山本稔. 常微分方程稳定性. 实教出版, 1979.

[20] 吉泽太郎. 微分方程入门. 基础数学丛书 (13), 朝仓书店,1967.

[21] LaSalle J, Lefschetz S. 稳定性理论中的 Liapunov 方法. 山本稔译. 数理解析及其相关数领域 (8), 产业图书, 1975.

[22] Yoshizawa T. Stability Theory by Liapunov's Second Method. Tokyo: Math Soc Japan. 1966.

[23] Yoshizawa T. Stability Theory and the Existence of Periodic Solutions and Almost Periodic Solutions. New York：Springer-Verlag, 1975.

- **生态系统相关的微分方程日文教科书**

[24] 寺本英. 数理生态学. 朝仓书店, 1997.

[25] Hofbauer J, Sigmund K. 进化对策与微分方程, 竹内康博、佐藤一宪、宫崎倫子译, 现代数学社, 2001.

[26] 森田善久. 生物模型与混沌. 混沌全书 (3), 朝仓书店, 1996.

[27] 稻叶寿. 数理人口学. 东京：东京大学出版社, 2002.

- **生态系统相关的微分方程英文教科书**

[28] Gopalsamy K. Stability and Oscillations in Delay Differential Equations of Population Dynamics. Kluwer Academic Publishers, 1992.

[29] Kuang Y. Delay Differential Equations with Applications in Population Dynamics. New York：Academic Press, 1993.

[30] Smith H L. Monotone Dynamical Systems. An Introduction to the Theory of Competitive and Cooperative Systems. American Mathematical Society, 1995.

[31] Takeuchi Y. Global Dynamical Properties of Lotka-Volterra Systems. World Scientific, 1996.

- **除上述之外脚注中出现的文献**

[32] Hara T, Sugie J. Stability region for systems of differential difference equations. Funkcial. Ekvac., 1996, 39, 69–86.

[33] Miyazaki R. Analysisi of characteristic roots of delay-differential systems. Dyn. Conti. Discrete Impul. Sys., 1999, 5, 195–208.

[34] 石村隆一, 冈田靖则, 日野义之. 微分方程. 数理情报科学丛书 (11), 牧野书店, 1995.

[35] 杉浦光夫. Jordan 标准型与单因子理论 I-II, 岩波讲座, 数学基础, 1976–1977.

[36] Levinger B W. A folk theorem in functional differential equations. J. Differential Equations, 1968, 4, 612–619.

[37] 宫寺巧. 泛函分析. 2 版. 理工学社, 1996.

[38] Kato T. Perturbation Theory for Linear Operators, New York: Springer-Verlag, 1966.

[39] Yosida K. Functional Analysis. New York: Springer-Verlag, 1971.

[40] Yoneyama T. On the 3/2 stability theorem for one dimensional delay differential equations. J. Math. Anal. Appl., 1987, 125, 161–173.

[41] Saito Y. Hara T, Ma W. Necessary and sufficient conditions for permanence and global stability of a Lotka-Volterra system with two delays. J. Math. Anal. Appl., 1999, 236, 534–556.

[42] Stépán G. Retarded Dynamical Systems: Stability and Characteristic Functions, Longman Sci. & Tech., UK, 1989.

[43] Rouche N. Habets P, Laloy M. Stability Theory by Liapunov's Direct Method, New York: Springer–Verlag, 1977.

附录一　稳定性区域

本附录将对 3.2 节和 6.1 节例 6.1 中的图 6.2 相关的标量方程

$$x'(t) = -ax(t) + bx(t-r) \tag{A.1}$$

的零解为一致渐近稳定时参数 a, b 所满足的充分必要条件予以严格的证明, 即证明以下定理.

定理 A.1　方程 (A.1) 的零解为一致渐近稳定的充分必要条件是下面两个条件之一成立:

(i) $a > b \geqslant -\dfrac{1}{r}$;

(ii) $a > -\dfrac{\zeta\cos r\zeta}{\sin r\zeta}$, 且 $b = -\dfrac{\zeta}{\sin r\zeta}$, $0 < \zeta < \dfrac{\pi}{r}$.

下面, 给出在第 2 章的讨论中省略掉且同第 5 章的内容相关的一些结论.

引理 A.1　若方程 (5.11) 的特征矩阵 $\Delta(\lambda)$ 在 $\mathbf{C}$ 上解析, 则对任意的 $\beta \in \mathbf{R}$, 集合 $\Lambda_\beta := \{\lambda \in \mathbf{C}\colon \det\Delta(\lambda) = 0 \text{ 且 } \operatorname{Re}\lambda \geqslant \beta\}$ 最多有有限个元素构成.

证明　设 Λ_β 由无限个元素构成. 令

$$D = \{\lambda \in \mathbf{C}\colon |\lambda| \leqslant \mathrm{e}^{r|\beta|}\|L\|\}.$$

由定理 5.6 有 $\Lambda_\beta \subset D$. 注意到 D 为有界闭集, 则存在聚点. 进而由一致性定理知, 在 $\mathbf{C}$ 上 $\det\Delta(\lambda) = 0$. 这显然是个矛盾. 证毕.

下面的定理为第 2 章中定理 A、定理 C 的一般形式.

定理 A.2　方程 (5.11) 的零解为一致渐近稳定的充分必要条件是特征方程的所有根位于复数平面的左半部, 即 $\Lambda_0 := \{\lambda \in \mathbf{C}\colon \det\Delta(\lambda) = 0 \text{ 且 } \operatorname{Re}\lambda \geqslant 0\}$ 为空集.

证明　设对于某个 $\delta > 0$, 使得 $\Lambda_{-\delta} := \{\lambda \in \mathbf{C}\colon \det\Delta(\lambda) = 0 \text{ 且 } \operatorname{Re}\lambda \geqslant -\delta\} \neq \varnothing$. 由引理 A.1 可知, 此集合由有限个元素构成. 注意到定理 5.14 表明方程 (5.11) 的解半群 $T(t)$ 的生成元 A 的谱为特征根构成的集合, 则若将定理 5.19 中的 Λ 取为 $\Lambda_{-\delta}$ 时, 有

$$\beta := \max\{\operatorname{Re}\lambda\colon \lambda \in P_\sigma(A) \setminus \Lambda\} \leqslant -\delta.$$

因此, 取 $\varepsilon = \delta/2$ 时, 对于 $\phi \in \mathcal{N}_\Lambda(\mathcal{A})$, 有

$$\|T(t)\phi\| \leqslant N_\varepsilon \mathrm{e}^{(-\frac{\delta}{2})t}\|\phi\| \to 0 \quad (t \to +\infty).$$

另一方面, 设 $\omega = \max\{\mathrm{Re}\,\lambda\colon \lambda \in \Lambda\}$, 则对于 $\phi \in \mathcal{M}_\Lambda(\mathcal{A})$, 由定理 5.18 可知, 方程 (5.11) 的零解一致渐近稳定的充分必要条件为 $\omega < 0$, 即 Λ_0 为空集. 证毕.

使用定理 A.2 时, 特征根的讨论是必要的. 然而, 对于时滞微分方程, 其特征方程一般为超越函数, 其理论分析并不容易. 为此, 下面给出有关特征根的一些性质. 从严格意义讲, 第 2 章中证明方程的零解一致渐近稳定的充分必要条件时用到下面的性质.

在以下的引理中, 对于含有参数 $\tau \in J$ 的方程 (5.11) 的特征行矩阵 $\Delta(\lambda)$, $p(z;\tau)\colon = \det \Delta(z)$ 表示其特多项式. 并且设 $p(z;\tau)$ 于 $D \times J$ 上连续、且对每个 $\tau \in J$, 关于 z 是解析的. 这里 J 为 $\mathbf{R}$ 内的某一区间, D 为 $\mathbf{C}$ 内的某一区域.

引理 A.2　设 $\tau = \tau^* \in J$ 时, $z = \lambda^* \in D$ 为 $p(z;\tau)$ 的一阶零点, 即 $p(\lambda^*;\tau^*) = 0$ 且 $\dfrac{\partial}{\partial z}p(\lambda^*;\tau^*) \neq 0$ 成立, 则存在正数 $\delta > 0$, 使得在 $|\tau - \tau^*| < \delta$ 上存在连续的单值函数 $z = \lambda(\tau)$ 于 $|\tau - \tau^*| < \delta$ 上满足

$$\lambda(\tau^*) = \lambda^*, \quad (\lambda(\tau), \tau) \in D \times J, \quad p(\lambda(\tau);\tau) = 0.$$

进一步, 若 p 在 $D \times J$ 上关于 τ 为 C^1 类函数, 则 $\lambda(\tau)$ 亦为 C^1 类函数, 且于 $|\tau - \tau^*| < \delta$ 上, 有

$$\frac{\mathrm{d}\lambda}{\mathrm{d}\tau} = -\frac{\dfrac{\partial}{\partial \tau}p(\lambda;\tau)}{\dfrac{\partial}{\partial z}p(\lambda;\tau)}$$

成立.

证明　利用隐函数存在定理即可证得结论. 证毕.

引理 A.2 表明, 若当 $\tau = \tau^*$ 时, 特征根 λ^* 为单根, 则在 τ^* 的邻域中, 特征根对于参数 τ 是连续的. 若特征根为重根时, 同样的结论仍成立.

引理 A.3　设 $\tau = \tau^* \in J$ 时, $z = \lambda^* \in D$ 为 $p(z;\tau)$ 的 k 阶零点, 即 $\dfrac{\partial^k}{\partial z^k}p(\lambda^*;\tau^*) \neq 0$ 成立, 则零点 λ^* 在下述意义下关于 τ 是连续的.

对于充分小的 $\varepsilon > 0$, 存在 $\delta > 0$, 使得对于满足 $|\tau - \tau^*| < \delta$ 的 τ, $p(z;\tau)$ 在圆域 $|z - \lambda^*| < \varepsilon$ 中依重数计正好具有 k 个零点.

证明　D 内以 λ^* 为中心作半径为 $r > 0$ 的圆 γ_r. 由 $p(z;\tau)$ 的正则性, 可选取 r, 使得在 γ_r 上以及其内部除 λ^* 外不含有 $p(z;\tau^*)$ 的零点. 对于任意的正数 $\varepsilon < r$, 令 $m = \min\{|p(z;\tau^*)|\colon z \in \gamma_\varepsilon\}$, 则 $m > 0$. 由 $p(z;\tau)$ 的连续性, 存在 $\delta > 0$, 使得对于 $\tau \in J$ 和 $z \in \gamma_\varepsilon$, 当 $|\tau - \tau^*| < \delta$ 时, 有

$$|p(z;\tau) - p(z;\tau^*)| < m \leqslant |p(z;\tau^*)|.$$

所以, 由熟知的 Rouché 定理可知, 在圆 γ_ε 的内部, $p(z;\tau)$ 的零点个数与 $p(z;\tau^*)$ 的零点个数相同, 即为 k. 证毕.

应当注意到引理 A.2、引理 A.3 中的 δ 依赖于 τ^* 和 λ^*. 所以, 仅仅利用这些引理是不足以说明对于任意的参数 $\tau \in J$, 零点是连续的. 例如, 设当 $\tau = \tau^*$ 时, λ^* 为 $p(z;\tau)$ 的一阶零点, 分析当参数 τ 增加时 $p(z;\tau)$ 的变化情况. 由引理 A.2, 当 τ_1 充分靠近 τ^* 时, 函数 $z = \lambda(\tau)$ 在区间 $[\tau^*, \tau_1)$ 上有定义、连续, 且为 $p(z;\tau)$ 的一阶零点. 若 $\lambda(\tau)$ 停留在 D 的有界子集内, 由 $p(z;\tau)$ 的连续性可知, $\lambda(\tau_1) = \lim_{\tau\to\tau_1-0}\lambda(\tau)$ 为当 $\tau = \tau_1$ 时 $p(z;\tau)$ 的零点 $\lambda(\tau_1)$. 若此零点的阶数为一, 再由引理 A.2 可知, 对于某个 $\tau_2 > \tau_1$, 函数 $\lambda(\tau)$ 的定义域可以延拓至 $[\tau^*, \tau_2)$. 所以, 只要 $\lambda(\tau)$ 停留在 D 的有界子集内, 可以重复上述过程使其函数 $\lambda(\tau)$ 的定义域延拓至 $[\tau^*, \tau_j)$, 其中 $\tau_1 < \tau_2 < \cdots < \tau_j < \cdots$. 然而, 需要注意到的是点列 $\{\tau_j\}$ 有可能收敛于 J 的闭包中某个有限点 $\hat{\tau}$.

引理 A.4　设 $p(z;\tau) = z^n + g(z;\tau)$, 其中 n 为非负整数, $g(z;\tau)$ 定义于 $\mathbf{C}\times J$ 上, 关于 (z,τ) 连续, 且对于每个 $\tau \in J$, 关于 z 是解析的. 若对于某个 $\tau^* \in J$ 和 $\delta_0 > 0$, 存在 $R > 0$, 使得

$$\begin{aligned} &\mathrm{Re}\, z \geqslant 0,\ |z| > R,\ |\tau - \tau^*| < \delta_0 \\ &\Longrightarrow \quad |z^{-n} g(z;\tau)| < 1 \quad ({}^{\forall}(z,\tau) \in \mathbf{C}\times J) \end{aligned} \tag{A.2}$$

关于 τ 一致地成立, 则当 $|\tau - \tau^*| < \delta_0$ 时, $p(z;\tau)$ 满足 $\mathrm{Re}\, z \geqslant 0$ 的零点在圆域 $|z| \leqslant R$ 内存在, 且个数有限. 又若在 z 平面的虚轴上没有 $p(z;\tau^*)$ 的零点, 则存在某个 $\delta \in (0, \delta_0]$, 使得当 $|\tau - \tau^*| < \delta$ 时,$p(z;\tau)$ 满足 $\mathrm{Re}\, z > 0$ 的零点个数依重数计是一定的.

证明　设 $|z| > R$, $\mathrm{Re}\, z \geqslant 0$, $|\tau - \tau^*| < \delta_0$, $(z,\tau) \in \mathbf{C}\times J$. 由条件 (A.2) 可知, 对于上述的 (z,τ), $1 + z^{-n}g(z;\tau)$ 位于以 1 为中心半径为 1 的圆内, 故 $1 + z^{-n}g(z;\tau)$ 不能为零. 所以, 在圆域 $|z| \leqslant R$ 内存在满足 $\mathrm{Re}\, z \geqslant 0$ 的 $p(z;\tau)$ 的零点. 此外, 在紧集内正则函数零点的个数必是有限的.

设在虚轴上不存在 $p(z;\tau^*)$ 的零点. 记 $p(z;\tau^*)$ 满足 $\mathrm{Re}\, z > 0$ 的零点为 $\lambda_1^*, \cdots, \lambda_N^*$, 且当 $j \neq k$ 时, $\lambda_j^* \neq \lambda_k^*$, 并记 λ_j^* 的重数为 m_j. 由引理 A.3, 可以选取正数 ε 和 $\delta_1 \leqslant \delta_0$ 使得下面结论成立.

对于所有的 $j = 1, 2, \cdots, N$, 开圆域 $U_\varepsilon(\lambda_j^*) := \{z\colon |z - \lambda_j^*| < \varepsilon\}$ 位于右半平面, 相互不交, 且当 $|\tau - \tau^*| < \delta_1$ 时, $p(z;\tau)$ 在 $U_\varepsilon(\lambda_j^*)$ 内的零点个数依重数计为 m_j.

其次, 令

$$V = \bigcup_{j=1}^{N} U_\varepsilon(\lambda_j^*).$$

对于任意的正数 $\delta \leqslant \delta_0$, 使得

$$\Lambda(\delta) := \{(z,\tau) : p(z;\tau) = 0,\ \mathrm{Re}\, z > 0,\ \lambda \notin V,\ |\tau - \tau^*| < \delta\} \neq \varnothing.$$

所以, 存在序列 $\{\tau_n\}$ 和 $\{\lambda_n\}$ 使得 $\tau_n \to \tau^*$, 且

$$p(\lambda_n;\tau_n)=0,\ \ \mathrm{Re}\,\lambda_n>0,\ \ \lambda_n\notin V.$$

由于 $|\lambda_n|\leqslant R$, 则有 $\lim_{n\to+\infty}\lambda_n=\lambda^*$ (必要时选取子列即可). 利用 $p(z;\tau)$ 的连续性, 有 $p(\lambda^*;\tau^*)=0$, $\mathrm{Re}\,\lambda^*\geqslant 0$. 由于 V 为开集, 则 $\lambda^*\notin V$, 且 $\lambda^*\neq\lambda_j^*$, $(j=1,\cdots,N)$. 另一方面, λ_j^*, $(j=1,\cdots,N)$ 为满足 $\mathrm{Re}\,\lambda>0$ 的 $p(z;\tau^*)$ 的所有零点, 则必有 $\mathrm{Re}\,\lambda^*=0$. 这同 $p(z;\tau^*)$ 在 λ 平面的虚轴上不存在零点相矛盾. 于是, 对于某个 $\delta_2>0$, 有 $\Lambda(\delta_2)=\phi$. 令 $\delta:=\min\{\delta_1,\delta_2\}$, 则当 $|\tau-\tau^*|<\delta$ 时, 满足 $\mathrm{Re}\,\lambda>0$ 的 $p(z;\tau)$ 的所有零点均位于 V 内. 所以, 这些零点必包含在某个 $U_\varepsilon(\lambda_j)$ 中. 但是, 注意到这些圆域互不相交, 则这样的圆域只能是一个. 所以, 由 $\delta\leqslant\delta_1$ 可知, $p(z;\tau)$ 零点的个数为 $m_1+m_2+\cdots+m_N$, 即为定数. 证毕.

若 $M(\tau)$ 表示满足 $\mathrm{Re}\,z>0$ 的 $p(z;\tau)$ 的零点的个数, 则有如下结论.

推论 A.1 若引理 A.4 的条件成立, 且

$$\lim_{\tau\to\tau^*+0}M(\tau)\neq M(\tau^*)\ \text{或}\ \lim_{\tau\to\tau^*-0}M(\tau)\neq M(\tau^*),$$

则 $p(z;\tau^*)$ 在虚轴上具有零点.

下面给出当在虚轴上出现零点时的一个性质.

引理 A.5 设引理 A.4 的条件成立, 且 $g(z;\tau)$ 关于 τ 为 C^1 类函数, 当 $|\tau-\tau^*|\leqslant\delta_0$ 时, $p(z;\tau)$ 没有二阶以上的零点. 若对于 $(v,\tau)\in\mathbf{R}\times J$, 有

$$\begin{aligned}&|\tau-\tau^*|<\delta_0,\ p(\mathrm{i}v;\tau)=0\\ \Longrightarrow\quad &\mathrm{Re}\left\{\frac{\dfrac{\partial}{\partial\tau}p(z;\tau)}{\dfrac{\partial}{\partial z}p(z;\tau)}\right\}\Bigg|_{z=\mathrm{i}v}>0\ \text{或}\ <0\end{aligned}\tag{A.3}$$

成立, 则当 $|\tau-\tau^*|<\delta_0$ 时, 使得 $p(z;\tau)$ 在虚轴上有零点的 τ 的个数最多为有限个.

证明 不妨设有无限个 τ 使得在虚轴上存在零点. 由于这样的 τ 为有界的, 存在单调收敛的子列 $\{\tau_k\}$. 对于每个 τ_k, 对应虚轴上的零点记为 $\mathrm{i}v_k$. 由引理 A.4 可知 $|v_k|\leqslant R$. 通过选取子列可使得 v_k 亦收敛. 于是, 存在 $\hat\tau$ $(|\hat\tau-\tau^*|\leqslant\delta_0)$ 和 $\hat v$ $(|\hat v|\leqslant R)$, 使得当 $k\to+\infty$ 时, $\tau_k\to\hat\tau$, $v_k\to\hat v$. 根据 $p(z;\tau)$ 的连续性, 有 $p(\mathrm{i}\hat v;\hat\tau)=0$. 由引理的假设条件知, 当 $\tau=\hat\tau$ 时, $\mathrm{i}\hat v$ 为一阶零点, 故引理 A.2 的条件成立. 所以, 由 $p(z;\tau)=0$ 可确定 C^1 类函数 $\lambda(\tau)$ 使得满足 $\lambda(\hat\tau)=\mathrm{i}\hat v$. 此外, 根据引理 A.3, 对于充分小的 $\varepsilon>0$, 存在 $N>0$, 使得当 $k>N$ 时, 圆域 $|z-\mathrm{i}\hat v|<\varepsilon$ 内 $p(z;\tau_k)$ 的零点只有 $\mathrm{i}v_k$. 必要时, 选取 N 充分大, 使得当 $k>N$ 时, 有 $\lambda(\tau_k)=\mathrm{i}v_k$. 下面, 记 $u(\tau):=\mathrm{Re}\,\lambda(\tau)$.

首先, 不妨设条件 (A.3) 中的 $\mathrm{Re}\left\{\frac{\partial}{\partial\tau}p(z;\tau)\Big/\frac{\partial}{\partial z}p(z;\tau)\right\}\Big|_{z=iv} < 0$ 成立. 这时, 对于满足 $u(\tau)=0$ 的 τ, 有

$$\frac{\mathrm{d}}{\mathrm{d}\tau}u(\tau)>0 \tag{A.4}$$

成立. 所以, 对于每个 k, 存在正数 η 使得当 $0<h<\eta$ 时, $u(\tau_k-h)<0<u(\tau_k+h)$ 成立. 于是, 对于适当的 k_1, k_2, 选取充分小的正数 h_1, h_2, 使得 $\tau_{k_1}+h_1<\tau_{k_2}-h_2$, $u(\tau_{k_1}+h_1)>0>u(\tau_{k_2}+h_2)$ 成立. 进而, 存在 $\tilde{\tau}\in(\tau_{k_1}+h_1,\tau_{k_2}-h_2)$ 使得满足 $u(\tilde{\tau})=0$ 与 $\frac{\mathrm{d}}{\mathrm{d}\tau}u(\tilde{\tau})\leqslant 0$. 这显然与 (A.4) 相矛盾. 若条件 (A.3) 中的 $\mathrm{Re}\left\{\frac{\partial}{\partial\tau}p(z;\tau)\Big/\frac{\partial}{\partial z}p(z;\tau)\right\}\Big|_{z=\mathrm{i}v} > 0$ 成立, 利用完全类似的方法同样可推得矛盾. 依据上述推导可知, 当 $|\tau-\tau^*|<\delta_0$ 时, 使得 $p(z;\tau)$ 在虚轴有零点的 τ 的个数最多为有限个. 证毕.

下面利用定理 A.2 来证明定理 A.1. 为此, 考虑方程 (A.1) 的特征方程

$$p(z):=\det\Delta(z)=z+a-b\mathrm{e}^{-rz}=0.$$

由于 $p(\bar{z})=\overline{p(z)}$, 当 z 为特征根时, 其共轭复数 $\bar{z}$ 亦为特征根. 所以, 只要设 $z=u+\mathrm{i}v$, $u\in\mathbf{R}$, $v\geqslant 0$ 即可. 由 $p(u+\mathrm{i}v)=0$ 可知

$$u+a-b\mathrm{e}^{-ru}\cos rv=0, \tag{A.5}$$

$$v+b\mathrm{e}^{-ru}\sin rv=0 \tag{A.6}$$

成立. 在下面关于特征根的分析中, 将 a 作为参数考虑. 为此, 记 $p(z)=p(z;a)$.

对于上述的 $p(z;a)$, 相应于引理 A.4 中的 n, g 分别为 $n=1$, $g=a-b\mathrm{e}^{-rz}$, 且对任意的 $\tau^*=a^*\in\mathbf{R}$ 和任意的 δ_0, 条件 (A.2) 显然成立.

此外, 若

$$b\neq-\frac{\mathrm{e}^{-ar-1}}{r} \tag{A.7}$$

成立, 则 $p(z;a)$ 不会有二阶以上的零点. 这是由于当 $p(z;a)=0$ 时, 由 $b\mathrm{e}^{-rz}=z+a$ 可得

$$\frac{\partial}{\partial z}p(z;a)=1+rb\mathrm{e}^{-rz}=1+r(z+a),$$

即二阶以上的零点只能为 $z=-a-1/r$. 而 $z=-a-1/r$ 成为零点时, 只有 $b\mathrm{e}^{ar+1}=-1/r$, 这同 (A.7) 相矛盾.

注意到 $\frac{\partial}{\partial a}p(z;a)=1$, 则当 (A.7) 成立时, 在零点 $z=u+\mathrm{i}v$ 处有

$$\frac{\frac{\partial}{\partial a}p(z;a)}{\frac{\partial}{\partial z}p(z;a)}=\frac{1}{1+r(z+a)}=\frac{1+ru+ra-\mathrm{i}rv}{(1+ru+ra)^2+(rv)^2} \tag{A.8}$$

成立. 特别地, 对于虚轴上的零点 $z=\mathrm{i}v$, 有

$$\mathrm{Re}\left\{\frac{\dfrac{\partial}{\partial a}p(z;a)}{\dfrac{\partial}{\partial z}p(z;a)}\right\}\Bigg|_{z=\mathrm{i}v}=\frac{1+ra}{(1+ra)^2+(rv)^2} \tag{A.9}$$

成立.

上面的分析为定理 A.1 的证明作了必要的准备, 下面给出完整的证明.

定理 A.1 的证明

充分性 (I) $|b|<a$ 的情形. 若 $u\geqslant 0$, 则由 (A.5) 有

$$u=-a+b\mathrm{e}^{-ru}\cos rv\leqslant -a+|b|<0,$$

这是一个矛盾.

(II) $b=-a,\ a>0$ 的情形. 若 $u>0$, 同样由 (A.5) 有

$$u=-a+b\mathrm{e}^{-ru}\cos rv\leqslant -a+|b|=0,$$

这又是一个矛盾. 若 $u=0$, 则由 (A.5) 有 $\cos rv=-1$, 且 $rv=(2k-1)\pi$, $(k=1,2,\cdots)$. 将此代入到 (A.6) 中, 有 $(2k-1)\pi=0$, 这也是矛盾的.

(III) $|a|<-b\leqslant 1/r$ 的情形. 若 $v\neq 0$, 并注意到 $|\sin rv|<rv$, 由 (A.6) 有 $v<-b\mathrm{e}^{-ru}rv\leqslant \mathrm{e}^{-ru}v$, 且 $u<0$. 若 $v=0$, 并记 $f(u)=u+a-b\mathrm{e}^{-ru}$, 则对于 $u\geqslant 0$, 由 $f'(u)=1+rb\mathrm{e}^{-ru}\geqslant 1-\mathrm{e}^{-ru}\geqslant 0$ 可知, $f(u)$ 在 $u\geqslant 0$ 上为递增函数. 此外, 注意到 $f(0)=a-b>0$, 有 $f(u)>0$, 即不存在 $u\geqslant 0$ 使得 (A.5) 成立.

(IV) $b=-h(\zeta),\ 0<\zeta<\pi/r,\ g(\zeta)<a<h(\zeta)$ 的情形. 这时, 需注意到的是, 若令

$$h(x)=\frac{x}{\sin rx},\quad g(x)=-\frac{x\cos rx}{\sin rx}\quad \left(0<x<\frac{\pi}{r}\right),$$

则 h 和 g 为单调递增函数, 且 $b=-h(\zeta)<-1/r<g(\zeta)<a$ 成立.

对于固定的 ζ, 将 a 视为参数, 考虑 $p(z;a)$ 的零点. 由 (II), 当 $a=h(\zeta)$ 时, $p(z;a)$ 所有的零点均位于复数平面的左半部. 另一方面, 由 (A.5) 及 (A.6) 可知虚轴上存在零点时, 有

$$a+h(\zeta)\cos rv=0, \tag{A.10}$$

$$v-h(\zeta)\sin rv=0 \tag{A.11}$$

成立. 若有解 $v=k\pi/r,\ k=0,1,2,\cdots$ 时, 则由 (A.10) 得 $|a|=h(\zeta)$, 这是不可能的. 此外, 由 (A.11) 可知 $v/\sin rv=h(\zeta)>0$. 所以, 只要考虑 $v=2k\pi/r+s,\ 0<s<\pi/r,\ k=0,1,2,\cdots$ 即可. 再由 (A.11) 有

$$h(\zeta)=\frac{2k\pi+rs}{r\sin(2k\pi+rs)}=\frac{2k\pi}{r\sin rs}+h(s)\geqslant h(s).$$

因 h 为单调增函数, 故 $\zeta \geqslant s$ 成立. 于是, 由 (A.10) 得到下面的矛盾:

$$-a = h(\zeta)\cos rv = h(\zeta)\cos rs \geqslant h(\zeta)\cos r\zeta = -g(\zeta) > -a.$$

所以, 当 a 从 $g(\zeta)$ 到 $h(\zeta)$ 变化时, 可知虚轴上不会出现零点. 因而, 由推论 A.1 可知右半平面内的零点个数与 $a = h(\zeta)$ 时的个数相等, 即右半平面内不存在零点.

根据 (I)~(IV), 参数 a, b 取值于图 6.2 所标示的区域中时, 所有的特征根位于复数平面的左半部, 即方程 (A.1) 的零解一致渐近稳定.

必要性 (I) $b \geqslant a$ 的情形. 令 $f(u) = u + a - b\mathrm{e}^{-ru}$, 则由 $f(0) = a - b \leqslant 0$ 和 $\lim_{u\to+\infty} f(u) = +\infty$ 可知 $f(u) = 0$ 具有正根或者零根. 若 $u = 0$ 为根, 则必有 $a = b$.

(II) $b = -h(\zeta)$, $0 < \zeta < \pi/r$, $-h(\zeta) < a \leqslant g(\zeta)$ 的情形. 固定 ζ. 若 $a > g(\zeta)$, 根据充分性证明中的情形 (IV), $p(z;a)$ 的所有零点位于复平面的左半部. 现将 a 视为参数, 考虑 $p(z;a)$ 的零点. 根据充分性证明中的情形 (IV) 的讨论, 当 $a = g(\zeta)$ 时, 在虚轴上只存在两个零点 $z = \mathrm{i}\zeta$ 和其对应的共轭复数. 若令 $\tilde{a}(\zeta) = -\dfrac{1}{r}\log(erh(\zeta))$, 则 $-h(\zeta) < \tilde{a}(\zeta) < -1/r$, 且当 $a \neq \tilde{a}(\zeta)$ 时, (A.7) 成立. 根据 $\tilde{a}(\zeta)$, 分下列情形讨论.

(i) $-1/r < a \leqslant g(\zeta)$ 的情形. 先由 (A.9) 和引理 A.5 可知, 使得在虚轴上有零点的 a 的值最多为有限个 (不妨设为 $N+1$ 个). 这样的 a 可以表示为 $a_0 > a_1 > \cdots > a_N$. 根据前面的讨论, 有 $a_0 = g(\zeta)$, 且对应于虚轴上的零点为 $z = \mathrm{i}\zeta$. 再由引理 A.2 可知过此零点, 函数 $p(z;a)$ 的零点所确定的函数 $z = \lambda(a)$ 于 $a = a_0$ 的某个邻域存在. 所以, 由 (A.8) 有

$$\frac{\mathrm{d}\lambda}{\mathrm{d}a} = -\frac{1 + ru + ra - \mathrm{i}rv}{(1 + ru + ra)^2 + (rv)^2}.$$

进而, 可得

$$\mathrm{Re}\,\frac{\mathrm{d}}{\mathrm{d}a}\lambda(a_0) = -\frac{1 + ra_0}{(1 + ra_0)^2 + (r\zeta)^2} < 0.$$

对于 $a_1 < a < a_0$, 虚轴上不会出现零点. 若用 $M(a)$ 表示满足 $\mathrm{Re}\, z > 0$ 的零点个数, 则由推论 A.1 可知 $M(a) = 2$①. 另外, 若 $a = a_1$, 则由引理 A.4 可知虚轴上存在有限个零点, 且其阶数均为一. 过这些零点中的每一个, 同样由数 $p(z;a)$ 的零点所确定的对应函数 $\lambda(a)$ 在 $a = a_1$ 的邻域内存在. 于是, 类似于 $a = a_0$ 情形的讨论, 有 $\mathrm{Re}\,\dfrac{\mathrm{d}}{\mathrm{d}a}\lambda(a_1) < 0$. 这表明当 $a_1 < a < a_0$ 时, 右半平面内的零点不会穿过虚轴进入到左半平面, 而左半平面内的零点穿过虚轴进入到右半平面. 所以, 当 $a = a_1$

① 证明 $M(a) = 2$ 时, 其实还需要更细致的分析.

时, $M(a)=2$, 且对 $a_2<a<a_1$, 有 $M(a)>2$. 重复上述分析, 当 $-1/r<a<g(\zeta)$ 时, 有 $M(a)\geqslant 2$.

(ii) $-h(\zeta)\leqslant a\leqslant \tilde{a}(\zeta)$ 的情形. 仍然考虑 (I) 中的函数 $f(u)$. 注意到 $f'(u)=1-rh(\zeta)\mathrm{e}^{-ru}$, 则当 $u\geqslant 0$ 时,$f(u)$ 的增减性如下表:

u	0	$\cdots$	u_0	$\cdots$	$+\infty$
$f'(u)$		$-$	0	$+$	
$f(u)$		$\searrow$		$\nearrow$	$+\infty$

这里需要注意到 $u_0=\log(rh(\zeta))/r>0$. 由于

$$f(0)=a+h(\zeta), \qquad f(u_0)=a-\tilde{a}(\zeta),$$

则可知, 对于 $-h(\zeta)<a<\tilde{a}(\zeta)$, $f(u)=0$ 具有两个正实根. 而当 $a=-h(\zeta)$ 或 $a=\tilde{a}(\zeta)$ 时, 具有一个正实根. 所以, 对于 $-h(\zeta)\leqslant a\leqslant\tilde{a}(\zeta)$, 有 $M(a)\geqslant 1$.

(iii) $\tilde{a}(\zeta)<a\leqslant -1/r$ 的情形. 根据 (ii), 当 $a=\tilde{a}(\zeta)$ 时, 显然具有正的零点 $z=u_0$. 于是, 由引理 A.3 可知, 对于充分小的正数 δ, 当 $|a-\tilde{a}(\zeta)|<\delta$ 时, 有 $M(a)\geqslant 1$. 下面记 $a_0=\tilde{a}(\zeta)+\delta/2$. 对于 $a_0\leqslant a<-1/r$, 类似于 (i) 的分析可知, 使得在虚轴上具有零点的 a 的值至多有有限多个 (不妨设为 N 个). 将这样的 a 表示为 $a_1<a_2<\cdots<a_N$. 若这样的 a 不存在, 则由推论 A.1 可知 $M(a)=M(a_0)\geqslant 1$. 若这样的 a 存在, 则对应于 $a=a_k$, 根据引理 A.4 可知, 虚轴上零点的个数为至多有限个. 对于其中任意的零点 $z=\mathrm{i}v_k$, 有

$$\mathrm{Re}\,\frac{\mathrm{d}}{\mathrm{d}a}\lambda(a_k)=-\frac{1+ra_0}{(1+ra_0)^2+(rv_k)^2}>0.$$

所以, 对于 $a_k<a<a_{k+1}$ $(k=0,1,\cdots,N-1)$, 必有 $M(a)>M(a_k)$. 完全类似于情形 (i) 的讨论, 对于 $a<a_k$, 位于右半平面的零点不会穿过虚轴进入到左半平面. 因而, 当 $a_0\leqslant a<-1/r$ 时, 有 $M(a)\geqslant M(a_0)\geqslant 1$. 若 $a=-1/r$, 则当虚轴上具有零点时, 有 $M(a)=M(a_N)\geqslant 1$.

综合上述 (I)~(II) 的分析, 可知对于图 6.2 区域以外的情形, 至少存在一个其实部大于零的特征根, 即方程 (A.1) 的零解不是一致渐近稳定的. 证毕.

根据上面的分析不难看出, 即使对简单的方程, 给出其所有的特征根位于复数平面的左半部显式的充分必要条件是极其困难的. 有关这方面的判定法已有一些, 下面简单介绍 Stépán 的两个结果①.

定理 A.3 若方程 (5.11) 的维数 n 为偶数, 即 $n=2m$, 则特征方程所有的特征根位于复平面左半部的充分必要条件为

$$S(\rho_k)\neq 0, \qquad k=1,2,\cdots,r$$

① 参考文献 [29] 或文献 [42].

与

$$\sum_{k=1}^{r}(-1)^k \operatorname{sgn} S(\rho_k) = (-1)^m m$$

成立, 其中 $S(\omega) = \mathrm{Im}\ \det \varDelta(\mathrm{i}\omega)$, $\rho_1 \geqslant \cdots \geqslant \rho_r > 0$ 为 $R(\omega) = \mathrm{Re}\ \det \varDelta(\mathrm{i}\omega)$ 的正的零点.

定理 A.4　若方程 (5.11) 的维数 n 为奇数, 即 $n = 2m + 1$, 则特征方程所有的特征根位于复平面左半部的充分必要条件为

$$R(\sigma_k) \neq 0, \qquad k = 1, 2, \cdots, s$$

与

$$\sum_{k=1}^{s-1}(-1)^k \operatorname{sgn} R(\sigma_k) + \frac{1}{2}\{(-1)^s \operatorname{sgn} R(0) + (-1)^m\} + (-1)^m m = 0$$

成立, 其中 $R(\omega) = \mathrm{Re}\ \det \varDelta(\mathrm{i}\omega)$, $\sigma_1 \geqslant \cdots \geqslant \sigma_s = 0$ 为 $S(\omega) = \mathrm{Im}\ \det \varDelta(\mathrm{i}\omega)$ 的非负零点.

附录二　Dini 导数

在第 6 章中, 定义 Liapunov 泛函$V(t,\phi)$ 沿着微分方程 (6.1) 解的导数$\dot{V}_{(6.1)}(t,\phi)$ 时用到了 Dini 导数的概念. 本附录对 Dini 导数作一简单介绍.

设 $v(t)$ 为区间 (a,b) 上定义的实函数, 对于给定的 $t_0\in(a,b)$, 函数 v 的 4 种类型的 Dini 导数定义为

$$
\begin{aligned}
D^+v(t_0)&=\limsup_{t\to t_0+}\frac{v(t)-v(t_0)}{t-t_0},\\
D_+v(t_0)&=\liminf_{t\to t_0+}\frac{v(t)-v(t_0)}{t-t_0},\\
D^-v(t_0)&=\limsup_{t\to t_0-}\frac{v(t)-v(t_0)}{t-t_0},\\
D_-v(t_0)&=\liminf_{t\to t_0-}\frac{v(t)-v(t_0)}{t-t_0}.
\end{aligned}
$$

当 v 不可微时, 上述 Dini 导数有可能为 $+\infty$ 或者 $-\infty$. 但是, 若 v 在 t_0 的邻域中满足 Lipschitz 条件, 则容易证明这些导数均为有限的①.

定理 B.1[18]　(定理 2.3) 设 $v(t)$ 为区间 $[a,b]$ 上定义的连续实函数, 且除可数个点外 v 的 Dini 导数为负或为 0 ($-\infty$ 亦可), 则 $v(t)$ 为单调不增的.

证明　由于 $D^{\pm}v(t)\geqslant D_{\pm}v(t)$, 只证明 $D_{\pm}v(t)$ 情形. 不妨设在 $D_+v(t)$ 的情形定理的结论不成立. 对于 $t_1>t_2$, 设有 $v(t_1)>v(t_2)$. 选取 $\varepsilon>0$ 使得 $v(t_1)-v(t_2)>\varepsilon(t_1-t_2)$ 成立, 并记 $w(t)=v(t)-\varepsilon t$. 显然, 有 $w(t_1)>w(t_2)$. 由定理 (B.1) 的条件, 适当选取可数集合 E_0 使得对于 $t\in[a,b]\setminus E_0$, 有 $D_+v(t)\leqslant 0$. 因此,

$$D_+w(t)=D_+v(t)-\varepsilon\leqslant-\varepsilon<0\qquad(t\in[a,b]\setminus E_0).$$

由于 E_0 为可数集, $E_1=\{w(t)\colon t\in E_0\}$ 亦为可数集. 所以, 可以选取 $\alpha\notin E_1$, 使得 $w(t_1)>\alpha>w(t_2)$ 成立. 注意到 $w(t)$ 为连续的, 当令

$$t_3=\sup\{t\in[t_2,t_1]\colon w(t)\leqslant\alpha\}\tag{B.1}$$

时, 必有 $w(t_3)=\alpha$. 由于 $t_3\notin E_0$, 则有 $D_+w(t_3)\leqslant-\varepsilon<0$. 另一方面, 注意到 $t_3<t_1$, 则有 $w(t)>\alpha=w(t_3)$ $(t\in(t_3,t_1])$, 这是一个矛盾.

对于 D_- 情形, 若将条件 (B.1) 换为 $t_3=\inf\{t\in[t_2,t_1]\colon w(t)\geqslant\alpha\}$, 则利用同样的方法可以证明. 证毕.

---

① 有关 Dini 导数的一些重要性质参见文献 [43].

利用上述定理可以得到下面的推论. 这一推论在第 6 章定理的证明中多次被使用.

推论 B.1 设 $v(t)$ 及 $g(t)$ 为区间 $[a,b]$ 上定义的连续函数, 且除了可数个点外, 有

$$D^+V(t) \leqslant g(t) \tag{B.2}$$

成立, 则对于 $a \leqslant t_0 \leqslant t \leqslant b$, 下式成立:

$$V(t) \leqslant V(t_0) + \int_{t_0}^{t} g(s)\mathrm{d}s.$$

证明 由 (B.2), 除了可数个点外, 有

$$D^+\left\{V(t) - \int_0^t g(s)\mathrm{d}s\right\} \leqslant 0$$

成立. 所以, 由定理 B.1 可知, $V(t) - \int_0^t g(s)\mathrm{d}s$ 为单调不增函数. 于是, 有

$$V(t) - \int_0^t g(s)\mathrm{d}s \leqslant V(t_0) - \int_0^{t_0} g(s)\mathrm{d}s \qquad (t \geqslant t_0)$$

成立. 因而, 得到

$$V(t) \leqslant V(t_0) + \int_{t_0}^{t} g(s)\mathrm{d}s.$$

证毕.

最后, 对于沿着方程 (6.1) 解的导数 $\dot{V}_{(6.1)}(t,\phi)$ 的唯一性作一补充. 在第 6 章的注 6.1 曾经提到过, 若方程 (6.1) 的解关于初始值不唯一时, 对于 (t,ϕ), $\dot{V}_{(6.1)}(t,\phi)$ 并非唯一地确定. 但是, 若 $V(t,\phi)$ 满足 Lipschitz 条件① 时, $\dot{V}_{(6.1)}(t,\phi)$ 是唯一确定的. 现证明这一事实. 设 $x(t,\phi)$ 与 $y(t,\phi)$ 为过 (t,ϕ) 的方程 (6.1) 的解, Lipschitz 常数为 L. 沿着解 $x(t,\phi)$, 计算 V 的导数 $\dot{V}_{(6.1)}(t,\phi;x)$, 有

$$\begin{aligned}
\dot{V}_{(6.1)}(t,\phi;x) &= \limsup_{h\to 0+} \frac{V(t+h, x_{t+h}(t,\phi)) - V(t,\phi)}{h} \\
&\leqslant \limsup_{h\to 0+} \frac{V(t+h, y_{t+h}(t,\phi)) - V(t,\phi)}{h} \\
&\quad + \limsup_{h\to 0+} \frac{V(t+h, x_{t+h}(t,\phi)) - V(t+h, y_{t+h}(t,\phi))}{h} \\
&\leqslant \limsup_{h\to 0+} \frac{V(t+h, y_{t+h}(t,\phi)) - V(t,\phi)}{h}
\end{aligned}$$

① 参考第 4 章的式 (4.5).

$$
\begin{aligned}
&+\limsup_{h\to 0+}\frac{L\|x_{t+h}(t,\phi)-y_{t+h}(t,\phi)\|}{h}\\
\leqslant&\limsup_{h\to 0+}\frac{V(t+h,y_{t+h}(t,\phi))-V(t,\phi)}{h}+L|x'(t)-y'(t)|\\
\leqslant&\limsup_{h\to 0+}\frac{V(t+h,y_{t+h}(t,\phi))-V(t,\phi)}{h}=\dot{V}_{(6.1)}(t,\phi;y).
\end{aligned}
$$

同样, 计算解 V 沿着 $y(t,\phi)$ 的导数 $\dot{V}_{(6.1)}(t,\phi;y)$, 有

$$
\dot{V}_{(6.1)}(t,\phi;y)\leqslant \dot{V}_{(6.1)}(t,\phi;x).
$$

因此, $\dot{V}_{(6.1)}(t,\phi;x)=\dot{V}_{(6.1)}(t,\phi;y)$, 这表明解的唯一性即使不成立, 仍然有 $\dot{V}_{(6.1)}(t,\phi)$ 是唯一的.

索　引

十画

十一画

十二画

十三画

十四画

十五画以上

A ～ Z